基于有源电力滤波器的电力谐波治理

陈冬冬 著

北 京
冶 金 工 业 出 版 社
2023

内容提要

本书围绕配电网运行过程中面临的谐波问题，对有源电力滤波器的结构和控制方法进行分析，并在此基础上提出了对应的快速谐波提取算法、快速谐波跟踪方法、直流侧电压控制方法等关键技术，针对多模块并联有源电力滤波器系统，建立了相应的数学模型，提出了相应的控制方法，针对有源电力滤波器的运行故障问题，提出了相应的容错控制策略。

本书可供从事有源电力滤波器生产技术开发人员和科研人员阅读，也可供相关专业的高等院校师生参考。

图书在版编目(CIP)数据

基于有源电力滤波器的电力谐波治理/陈冬冬著.—北京：冶金工业出版社，2021.11（2023.5 重印）

ISBN 978-7-5024-9018-8

Ⅰ.①基…　Ⅱ.①陈…　Ⅲ.①电力系统—谐波—研究　Ⅳ.①TM714

中国版本图书馆 CIP 数据核字(2021)第 276298 号

基于有源电力滤波器的电力谐波治理

出版发行　冶金工业出版社　　**电　话**　(010)64027926

地　址　北京市东城区嵩祝院北巷 39 号　　**邮　编**　100009

网　址　www. mip1953. com　　**电子信箱**　service@ mip1953. com

责任编辑　卢　敏　美术编辑　燕展疆　版式设计　郑小利

责任校对　郑　娟　责任印制　窦　唯

北京捷迅佳彩印刷有限公司印刷

2021 年 11 月第 1 版，2023 年 5 月第 2 次印刷

710mm×1000mm　1/16；10.75 印张；210 千字；164 页

定价 66.00 元

投稿电话　**(010)64027932**　**投稿信箱**　**tougao@cnmip. com. cn**

营销中心电话　**(010)64044283**

冶金工业出版社天猫旗舰店　**yjgycbs. tmall. com**

(本书如有印装质量问题，本社营销中心负责退换)

前　言

随着电力电子技术和电力自动化设备在工业的大范围使用，电气自动化水平和电力生产效率得到提高的同时，由此带来的电能质量问题的日益严重。并联有源电力滤波器（shunt active power filter，SAPF）作为电能质量治理的主要装置之一，近年来在大量工业现场投入使用，但随着工业现场电能质量问题的复杂化，对SAPF的性能提出了更高的要求，同时，模块化SAPF以其可靠灵活扩容的特点也在目前谐波量大量增加的工业现场得到了广泛的应用，因此，如何研制更高性能，更高可靠性的模块化SAPF系统成为了目前的研究热门。本书以此为切入点，对SAPF的高性能和模块化技术所涉及的若干关键技术进行了深入的分析。

本书分为6章，从SAFF主回路拓扑结构、谐波检测技术、谐波跟踪性能、直流侧电压控制方法和模块化并联SAPF系统的关键性技术进行设计、分析与探讨。书中主要介绍了基于滑窗离散傅里叶算法的谐波提取方法、基于重复控制的复合控制算法、SAPF直流侧电压控制方法，以及模块化并联SAPF系统的稳定性分析以及控制方法，并提出了相应的容错控制策略，解决了复杂环境下有源电力滤波器系统设计与控制问题，为提高滤波器性能提供了理论支持和实践方法。

最后，借此机会感谢在本书编写过程中提供支持和帮助的机构和个人。感谢浙江大学陈国柱教授的指导、支持；感谢辽宁省科技计划

（2019KF2307）泉州市科技计划（2020C011R 和 2019CT003）对本课题开展的资助；感谢所有研究团队成员对项目工作的积极贡献。此外，对本专著在出版过程中冶金工业出版社编辑卢敏及其编辑同仁们所付出的辛勤专业努力表示深深的谢意。

由于作者水平有限，书中不妥之处敬请读者不吝指教。

作　者

2021 年 3 月

目　录

1 绪　　论

随着基于电力电子的电气设备的发展，电弧炉、节能灯、不间断电源、开关电源等设备得以大范围使用。这些设备会通过将谐波电流、无功电流和不平衡电流注入交流电网中污染电力系统[1]，影响电能质量。差的电能质量容易引发电力系统谐振、使发电机和电动机中的转子发热、电缆降容、介质击穿、通信系统被干扰、信号被干扰、继电器或断路器故障、电力计量错误、电机控制器和数字控制器被干扰等问题[2~4]。

1.1 谐波问题的产生和危害

谐波指的是交流电压或者交流电流中含有频率为基波整数倍的分量。20 世纪 40 年代，德国学者在对静止汞弧变流器引起的电流和电压波形的畸变中发现了谐波问题。从此谐波问题成为提高电能质量需要克服的主要问题之一[5]。由于近年来，非线性负载大范围接入电网，使其成为电网中的主要谐波源。当非线性负载接入公共电网时，由于其伏安特性的非线性，导致电网电压或电流发生一定的畸变，进而产生谐波分量。

电网中的谐波源主要可分为以下几类：

(1) 发电源：由于三相绕组、铁心等制作时，参数不可能做到完全均匀一致、完全对称，故发电机不可避免地会产生谐波。但这部分谐波一般较小，一般情况下可以忽略。此外，近年来，由于新能源发电技术的大量应用于电网，而新能源发电技术由于采用大量开关器件，也会产生比传统发电系统更多的谐波[6~8]。

(2) 输配电系统：工业现场使用的变压器通常会被设计在磁化曲线的近饱和段上工作，因此，一旦出现饱和情况，变压器磁化电流容易出现尖顶畸变，从而导致输配电系统产生谐波。此外，由于输配电系统中变压器较多，各个变压器产生的电流谐波容易汇集，并注入电网，导致电网中含有大量的谐波电流[9~10]。

(3) 用电设备：由非线性半导体元件构成的电力电子设备近年来的大量并网，例如整流器、变频器、电弧炉、气体放电类电源、家用电器等。这些电力电子设备的非线性，导致其接入电网时会产生大量的畸变电流，从而往电网注入谐波。这些用电设备构成了电网的主要谐波源[11~12]。图 1.1 所示为产生谐波的主要行业分布图。

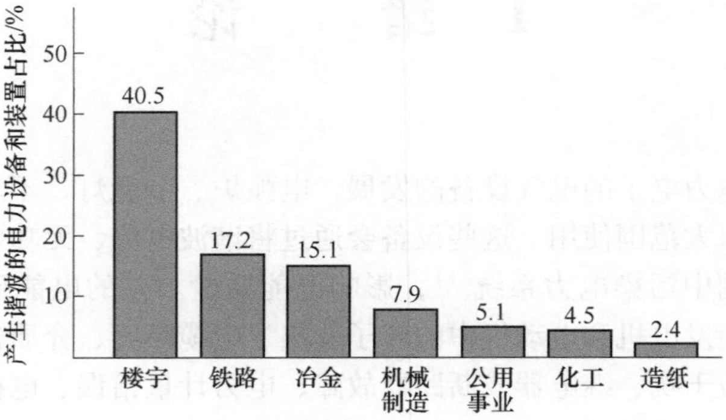

图 1.1 产生谐波的主要行业分布图

谐波带来的影响主要有以下几个方面[13~15]：

（1）影响电网的可靠性，电网的安全运行得不到保障。谐波容易造成电网运行时，功率损耗增加，同时可能引起电网中某些元器件的串联谐振或并联谐振，从而导致过压或者过流，进而导致安全事故的发生。谐波也可能触发继保装置和自控装置的误动作，同时也会影响仪表监测的准确性。

（2）影响电能利用率。谐波的存在同样会使得线路和用电设备上产生附加损耗，造成用电能利用率下降。

（3）影响电网中相关设备的正常工作。电网中存在的谐波会使系统中的元件和设备产生额外的损耗，引起电机、线缆、变压器、电容器等设备发热，并使得绝缘材料提前老化，影响使用寿命。谐波还容易造成断路器拉弧，影响断路器的开关性能，同时也容易造成相关继电保护等自动装置误动作。谐波会增加电网对附近磁场的干扰，影响通信系统和相关电子仪器仪表的正常工作。

为了保证公共电网能够实现可靠、安全、经济地运行，保障良好的供电质量，必须对电网中的谐波进行抑制。因此，很多国家和权威机构都制定了与谐波抑制相关的标准。目前，在国际上最被广泛认同和接受的标准为：国际电气电子工程师协会（IEEE）的标准 IEEE Std. 519-1992 [16]和国际电工委员会的标准 IEC61000-3-2[17]。表 1.1 给出了 IEEE 519-1992 对于 120V～69kV 电压等级的谐波电流限制标准。此外，另一个国际上被广泛认可的标准为 IEC61000-3-2[18]，其制订于 1982 年，并于 1995 年针对非线性负载谐波进行限制，规定了负载谐波源允许注入电网的谐波范围。

表 1.1 IEEE 519-1992 标准关于谐波流的限制标准（120V~69kV）

i_L中最大谐波电流畸变率						
	谐波次数 n					
I_{sc}/I_L	$n<11$	$11<n<17$	$17<n<23$	$23<n<35$	$35<n$	TDD/%
<20	4.0	2.0	1.5	0.6	0.3	5.0
20~50	7.0	3.5	2.5	1.0	0.5	8.0
50~100	10.0	4.5	4.0	1.5	0.7	12.0
100~1000	12.0	5.5	5.0	2.0	1.0	15.0
>1000	15.0	7.0	6.0	2.5	1.4	20.0

我国对于谐波标准的制定相对较晚，第一个相关规定是 1984 年制定的 SD126—1984《电力系统谐波管理暂行规定》[19]。而真正意义上的谐波管理标准为 1993 年国家技术而颁布的 GB/T 14549—1993《电能质量公用电网谐波》[20]详细规定了电压等级 110kV 及以下公用电网的谐波允许值及谐波含量的测试方法。目前我国现行的 5 项电能质量标准分别为：GB/T 12325—2008、GB/T 12326—2008、GB/T 15945—2008、GB/T 15543—2008 和 GB/T 24337—2009[21~26]。这 5 个标准分别从发电、供电和用电等角度出发，对公用电网的电能质量给出了明确的标准和要求。以上标准体系对谐波的抑制提供了参考和依据，推进了谐波的抑制形成产业化，有利于提高我国公用电网的电能质量。

表 1.2 给出了国标 GB/T 14549—1993 对电网电压低于 110kV 的各电压等级，25 次以内谐波电流给出了详细的限制标准。

表 1.2 GB/T 14549—1993 关于注入公共连接点的谐波电流允许值

标准电压/kV	基准短路容量/MVA	谐波次数及谐波电流允许值/A											
		2	3	4	5	6	7	8	9	10	11	12	13
0.38	10	78	62	39	62	26	44	19	21	16	28	13	24
6	100	43	34	21	34	14	24	11	11	8.5	16	7.1	13
10	100	26	20	13	20	8.5	15	6.4	6.8	5.1	9.3	4.3	7.9
35	250	15	12	7.7	12	5.1	8.8	3.8	4.1	3.1	5.6	2.6	4.7
66	500	16	13	8.1	13	5.4	9.3	4.1	4.3	3.3	5.9	2.7	5.0
110	750	12	9.6	6.0	9.6	4.0	6.8	3.0	3.0	2.4	4.3	2.0	3.7

续表 1.2

标准电压/kV	基准短路容量/MVA	谐波次数及谐波电流允许值/A											
		14	15	16	17	18	19	20	21	22	23	24	25
0.38	10	11	12	9.7	18	8.6	16	7.8	8.9	7.1	14	6.5	12
6	100	6.1	6.8	5.3	10	4.7	9.0	4.3	4.9	3.9	7.4	3.6	6.8
10	100	3.7	4.1	3.2	6.0	2.8	5.4	2.6	2.9	2.3	4.5	2.1	4.1
35	250	2.2	2.5	1.9	3.6	1.7	3.2	1.5	1.8	1.4	2.7	1.3	2.5
66	500	2.3	2.6	2.0	3.8	1.8	3.4	1.6	1.9	1.5	2.8	1.4	2.6
110	750	1.7	1.9	1.5	2.8	1.3	2.5	1.2	1.4	1.1	2.1	1.0	1.9

当电网存在非线性负载时，往往使得电网谐波难以达到标准要求的谐波含量，这种情况下，就需要谐波治理技术来达到消除电网谐波的目的。

治理谐波的方法一般有两种，即主动谐波治理和被动谐波治理。其中，主动治理方法是在谐波源上采取治理措施，从谐波产生的源头处减少谐波的产生，从而降低注入电网的谐波量；被动治理谐波方法指是的在公共电网与谐波源的公共连接点处安装相应的谐波滤除装置，利用安装的滤波装置滤除谐波源产生的谐波，防止谐波注入电网，从而减少流入公共电网的谐波量，实现治理谐波的目的。

（1）主动型谐波治理技术主要包括：增加变流器相数或脉冲数、改进 PWM 调制方法、降低其产生的谐波幅值、多电平技术等。

增加变流器相数或脉冲数的基本方法是利用合适的并、串联技术将多个整流进行连接，从而实现降低输出电流的谐波含量。但是由于该技术需要改变系统整体的拓扑结构，同时系统中需要利用多输出多抽头的变压器来实现系统的多路移相输出，因此该技术提高了系统的硬件成本，同时系统的复杂度也将大大提高[27~30]。

近年来，PWM 技术在整流器中大量采用。但在中、高压大容量场合中，由于开关频率和开关损耗的矛盾，难以获得一种较高性价比的方法[31~33]。

多电平整流器通过增加输出波形电平数，输出更接近标准正弦波的波形，从而获得谐波含量更低的输出波形，多电平整流器输出波形的电平数越多，输出波形中的谐波含量越小。但是，输出电平数越多，系统的控制算法和拓扑结构越复杂，体积和成本也越高[34~41]。

（2）被动治理主要分为无源电力滤波器（filter，PPF）和有源电力滤波器（filter，APF）。

无源滤波器是由无源元件电容 C、电感 L、电阻 R 构成的滤波器，其典型拓扑如图 1.2 所示[42~44]。

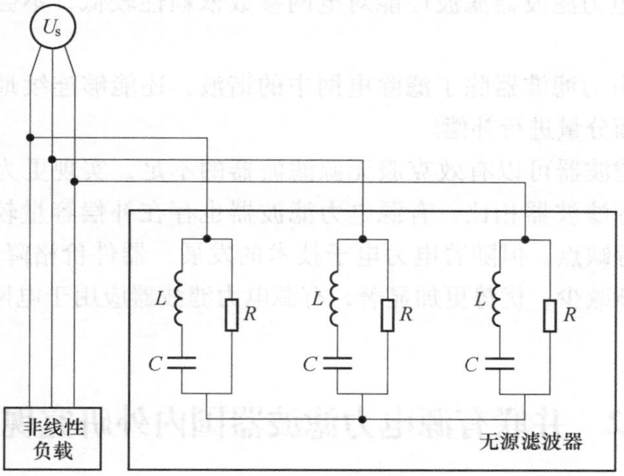

图 1.2 无源滤波器结构示意图

当 LC 支路的谐振频率和需滤波的指定次谐波电流频率相同时，谐波电流会注入 LC 回路中，从而防止非线性负载产生的谐波进入电网。无源滤波器具有结构简单、运行可靠和维护方便等优点，在实际中有大量的应用。但无源滤波器也存在缺陷，具体如下：

（1）无源滤波器只能通过配置 LC 参数来滤除特定次谐波，而其他谐波仍然会存在于电网中，同时，若无源滤波器运行较长时间后，LC 参数因老化等原因发生改变，无源滤波器可能失去滤波效果。

（2）无源滤波器可能与电网阻抗产生谐振，从而导致电网中某次谐波分量被放大，若电网电压含有该次谐波，也可能在电网中产生很大的谐波电流。

（3）无源滤波器的滤波特性取决于电网特性。实际运行中如果电网中的参数发生改变，则会导致电网的阻抗和谐波频率发生改变，从而引起无源滤波器性能严重下降。

（4）无源滤波器的体积大，运行时产生的损耗也大。

区别于无源滤波器，有源电力滤波器是一种集谐波补偿、无功补偿、不平衡电流补偿等各种功能于一体的电力电子装置。有源电力滤波器的工作原理为：主动输出与负载产生的谐波电流大小相等、方向相反的补偿电流，从而抵消负载产生的谐波电流，使进入电网的谐波电流为零[45~48]。

与无源滤波器相比，有源电力滤波器具有以下优点：

（1）有源电力滤波器补偿精度高，动态响应速度快。

（2）有源电力滤波器对补偿范围内（一般为 50 次谐波以内）的各次谐波都有较好的补偿能力，补偿范围较大。

（3）有源电力滤波器滤波性能对电网参数依赖性较低，不会与电网阻抗产生谐振。

（4）有源电力滤波器除了滤除电网中的谐波，还能够连续地对负载电流中的无功、不平衡分量进行补偿。

有源电力滤波器可以有效克服无源滤波器的不足，实现更为良好的补偿效果，但是与无源滤波器相比，有源电力滤波器也存在补偿容量较小、维护较困难、价格较高等缺点。但随着电力电子技术的发展，器件价格降低，容量增加，上述的缺点逐渐减少，优势更加显著，有源电力滤波器应用于电网谐波补偿已成为趋势。

1.2 并联有源电力滤波器国内外研究现状

1.2.1 有源电力滤波器的发展

有源电力滤波器（SAPF）的概念在 1969 年被 B. M. Bird 和 J. F. Marsh 首次提出[49]。1971 年，日本科学家 H. Sasaki 和 T. Machida 第一次完整地描述了有源电力滤波器的基本原理和原始模型[50]。1976 年，美国西屋电气的 L. Gyugyi 提出采用 PWM 整流器作为 APF 的基本拓扑结构和控制策略，为当代 SAPF 的发展奠定了重要基础[51]。从 20 世纪 80 年代开始，伴随着瞬时无功理论的提出，SAPF 的控制方法得到了长足的发展[52]。

硬件上的革新换代也让 SAPF 发展进入一个新的阶段，随着绝缘栅双极型晶体管的引入（IGBT），SAPF 技术得到了真正的提升[53]。改进的传感器技术也有助于提高 SAPF 性能，霍尔效应传感器等传感器件性能的提升和价格的下降，使其大量用于 SAPF 中，也提升了 SAPF 的补偿效果[54]。此外，微电子革命带来了 SAPF 发展的下一个突破，从分立模拟和数字电子元件的使用开始，发展出了微处理器，微控制器和 DSP，使得在线实现复杂的 SAPF 算法得以实现，SAPF 的这种发展使得使用不同的控制算法方法成为可能[55~56]，如 PI（比例-积分）控制、广义积分控制、模糊逻辑控制和基于神经网络的控制算法，从而改善动态和稳态 SAPF 的性能[57~58]。得益于这些硬件上的发展革新，SAPF 能够实时补偿快速变化的非线性负载，也因此，现在 SAPF 可以补偿更高阶的谐波（通常高达 50 次以内谐波）。

国内对 SAPF 的研究起步较晚。20 世纪 90 年以来我国科研机构，如浙江大学、华中科技大学、清华大学、哈尔滨工业大学等，才开始进行 SAPF 的研究并研制出了实验样机，也取得了一些科研成果[59~63]。国内企业经过多年的努力，目前一些公司也研制出了拥有自主知识产权的 SAPF，并投入了市场使用，如上海思源电气、深圳盛弘电气，其SAPF产品已经赶上甚至赶超国外同类产品的技术水平。

1.2.2 有源电力滤波器的分类和典型拓扑结构

有源电力滤波器可以根据不同标准，而有多种不同的分类。图1.3分别从基于系统构成、基于储能方式、基于应用场合和基于补偿功能四个维度对有源滤波器进行了详细的分类[44]。

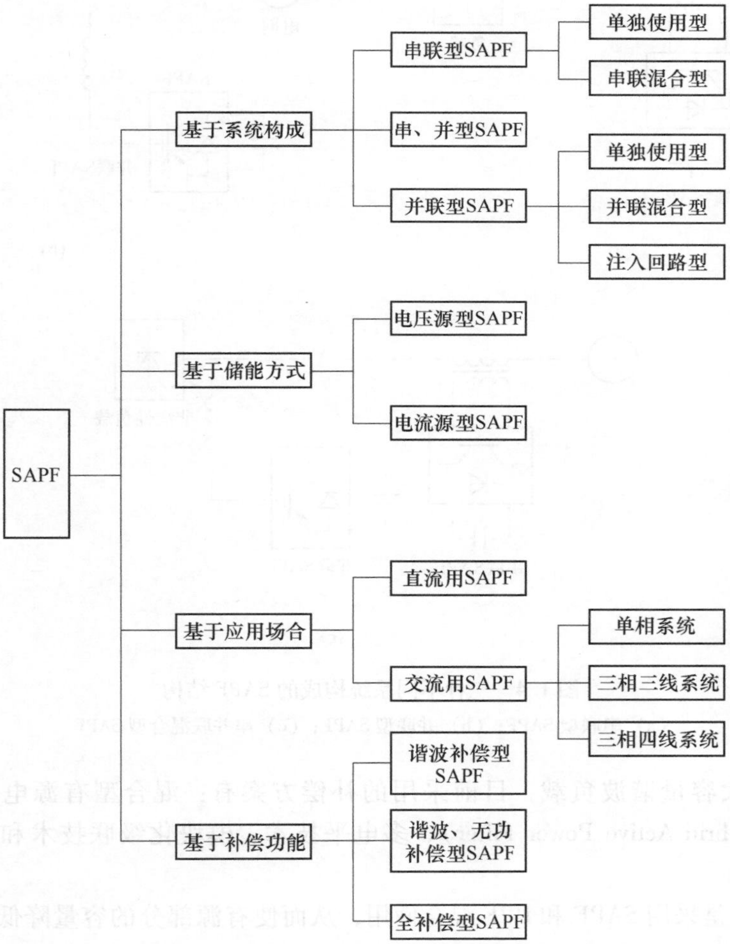

图1.3 SAPF的典型分类

基于系统构成的分类，可以详细分为串联型SAPF、并联型SAPF和串-并联混合型SAPF，详见图1.4。串联型SAPF利用耦合变压器，使其串联在电源和谐波源之间，其可被视为一个受控电压源[64~65]。相应的，并联型 SAPF 则可被视为一个受控电流源，并联在电网与谐波源之间的公共连接点处[66~69]。顾名思义，串-并联混合型 SAPF 就是将以上两种 SAPF 结合在一起的综合谐波抑制装置[70]。由于并联型 SAPF 接入方式简单，技术相对成熟，投切较为灵活，容量便于扩展等优点，因此并联型 SAPF 获得了广泛应用，并在全球市场上占据主导地位。因此，本书选定并联型 SAPF 为主要研究对象。

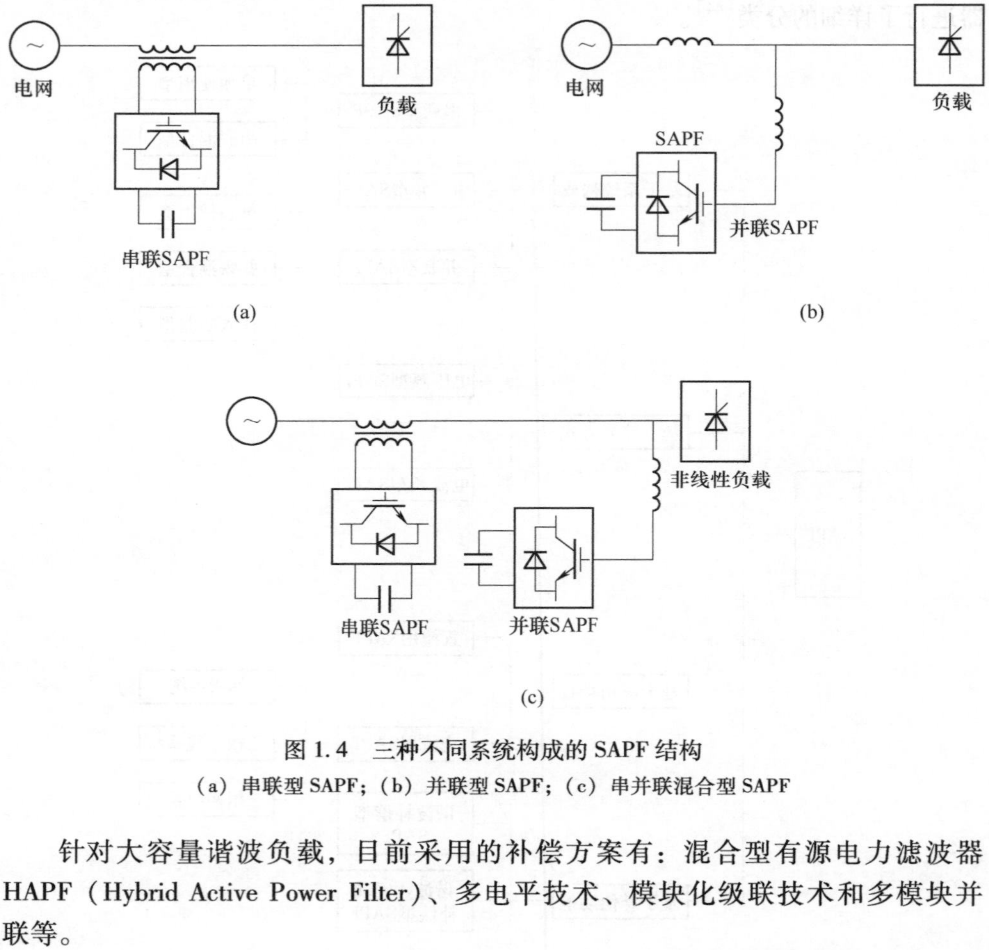

图 1.4 三种不同系统构成的 SAPF 结构
(a) 串联型 SAPF；(b) 并联型 SAPF；(c) 串并联混合型 SAPF

针对大容量谐波负载，目前采用的补偿方案有：混合型有源电力滤波器 HAPF（Hybrid Active Power Filter）、多电平技术、模块化级联技术和多模块并联等。

HAPF 是采用 SAPF 和 PPF 混合使用，从而使有源部分的容量降低，其集中典型拓扑如图 1.5 所示。但是 HAPF 的 SAPF 和 PPF 的系统控制难度较大，且 PPF 存在的缺陷在 HAPF 中仍然存在，不同应用场合需要设计不同的 PPF，因此 HAPF 的通用性和移植性较差[71]。

多电平技术近年来飞速发展，在实际工程中得到广泛应用，目前在 SAPF 中

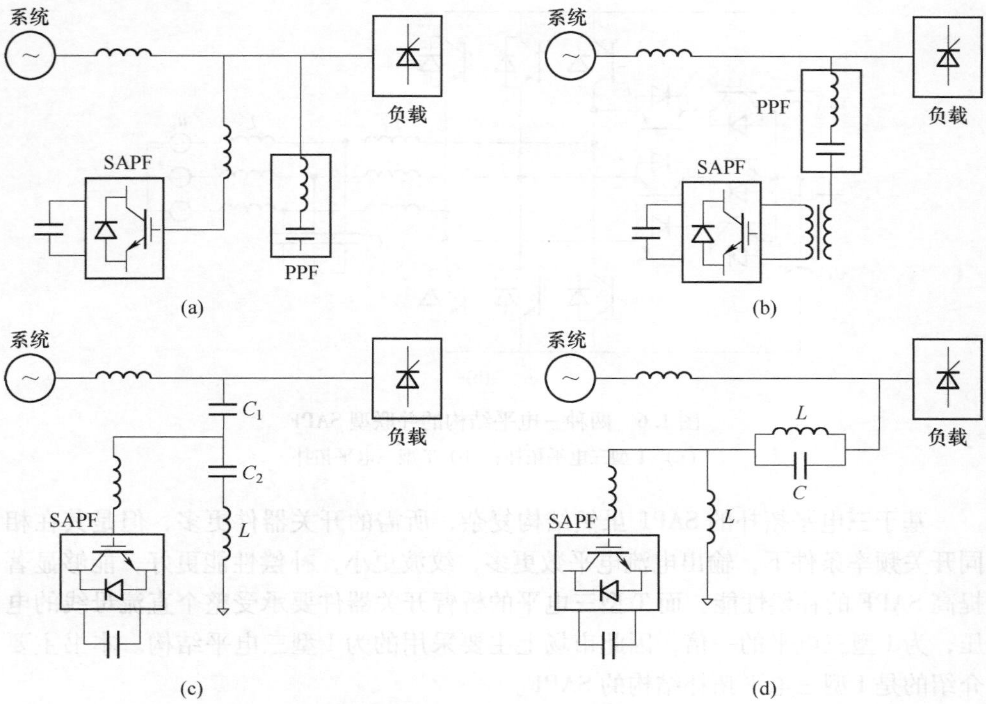

图 1.5 典型的 HAPF 电路结构

（a）并联型 SAPF+并联 PPF；（b）SAPF 串联 PPF 并入电网；（c）串联谐振注入型；（d）并联谐振注入型

的应用主要为中点钳位的 I 型三电平结构和 T 型三电平结构，电路结构如图 1.6 所示[68,71~72]。

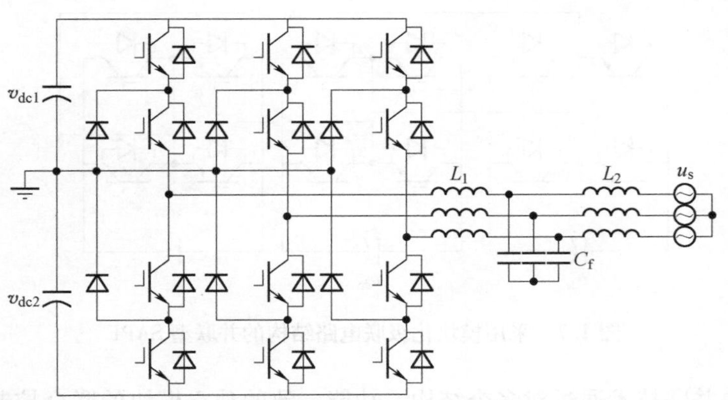

(a)

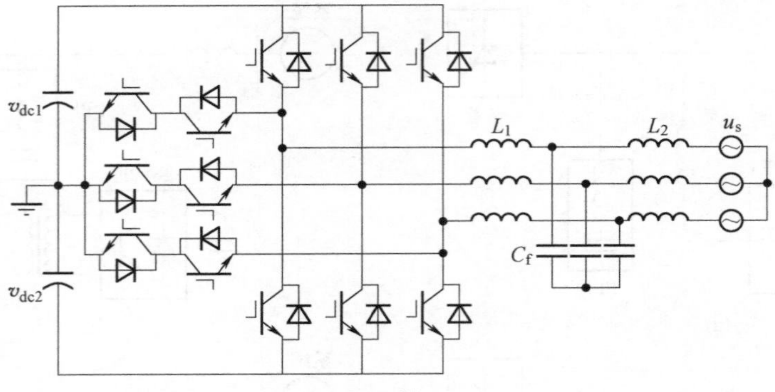

(b)

图 1.6　两种三电平结构的并联型 SAPF

（a） I 型三电平拓扑；（b） T 型三电平拓扑

基于三电平拓扑的 SAPF 虽然结构复杂，所需的开关器件更多，但是其在相同开关频率条件下，输出电流电平数更多，纹波更小，补偿性能更好，能够显著提高 SAPF 的补偿性能。而 T 型三电平的桥臂开关器件要承受整个直流母线的电压，为 I 型三电平的一倍，因此市场上主要采用的为 I 型三电平结构。本书主要介绍的是 I 型三电平拓扑结构的 SAPF。

模块化级联技术通过多个逆变器级联，等效提高输出电压的电平数和开关频率，实现降低开关损耗和提高补偿精度的目的，电路结构如图 1.7 所示。其不足之处在于动态响应能力不足，各个模块协调控制比较复杂，且模块化级联电路中，任一模块出现故障都将导致系统故障，容错率较低，在配电网中应用案例不多[73~74]。

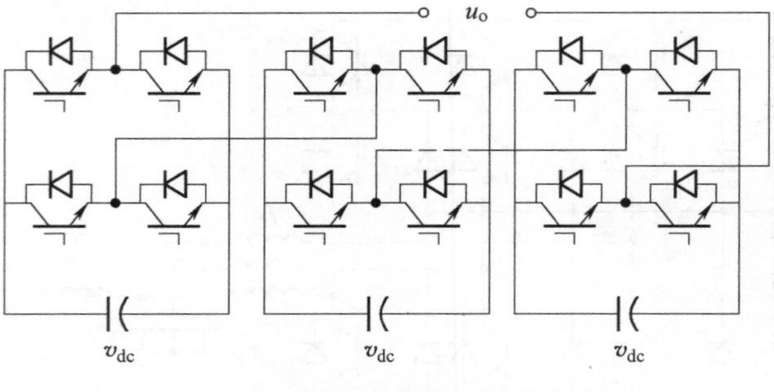

图 1.7　采用模块化级联电路结构的并联型 SAPF

多模块并联技术通过对多个结构、功能一致的独立模块的联合控制，实现更大功率等级的负载谐波补偿。多模块并联技术的典型拓扑如图 1.8 所示。系统中每个模块电路上相互独立，若有某一模块因故障退出并联系统，也不会影响整个并联系统的正常工作。控制上，每个模块既可以作为独立个体进行补偿，也可以参与其他模块的协同补偿，控制的灵活性和可靠性大大提高，也有利于规模化生产和后期维护[75~76]。

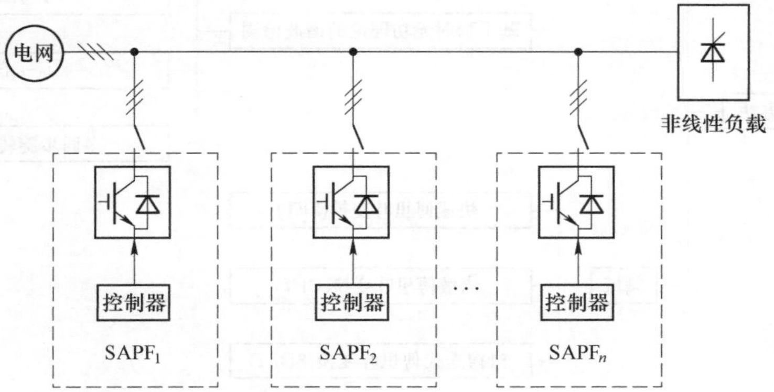

图 1.8 多模块有源电力滤波器系统框图

因此，选用多模块并联技术作为大容量补偿的方案，后续章节将对多模块并联 SAPF 的相关控制技术进行详细的分析和设计。

1.3 高性能模块化并联有源电力滤波器关键技术

1.3.1 谐波电流检测技术

通过使用谐波提取算法生成控制环的参考电流信号是 SAPF 控制的第一步，也是 SAPF 控制中最重要的步骤之一。谐波检测算法是控制器中运行第一个算法，准确和快速地提取负载中的谐波电流是 SAPF 能够正确补偿负载谐波电流的保证。一般来说，现有的主要谐波提取算法可以被分类为时域方法和频域方法，如图 1.9 所示。

时域谐波提取方法有：(1) 基于 Fryze 时域分析的有功电流检测法，从负载电流中分离基波有功电流和广义无功电流（无功和谐波电流）。该方法提取时对电网电压比较敏感，因而其较少在实际工程中应用[77,78]。(2) 基于瞬时无功理论的提取方法。这种方法是最简单的谐波提取方法，与其他方法相比，这种方法可以提供更快的速度和更少的计算量[79~81]。在时间域中最多广泛应用的算法是同步旋转坐标（SRF）算法和瞬时功率（instantaneous power）理论算法。基于瞬时无功理论的方法一般通过坐标变换，将负载电流变换到同步或静止坐标系下，此时，负载电流的基波分量变换为直流量，而谐波分量在显示为交流量，再通过低通滤波器（LPF）分离基波分量和谐波分。但该算法仅适用于负载平衡的三相

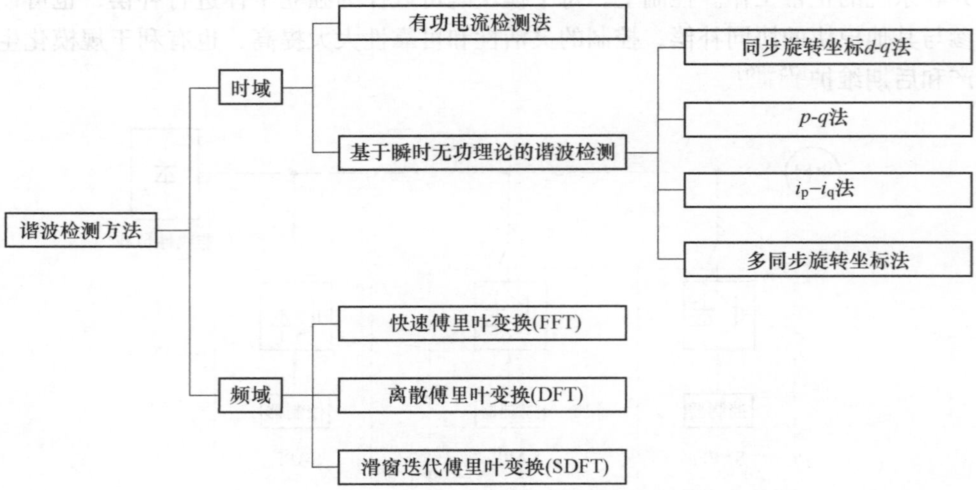

图 1.9 常见的谐波检测方法分类图

系统中，并且在分离基波和谐波时会有一定的取决于 LPF 性能的延时，且在动态过程中有功电流注入，从而导致直流侧电压产生较大的波动。

而频域谐波提取算法是基于傅里叶分析的方法，一般有快速傅里叶变换（FFT）[82~84]、离散傅里叶变换（DFT）[85~86]和滑窗迭代傅里叶变换(SDFT)[87~88]。

频域方法中，FFT 算法可以计算出奈奎斯特频率内所有频点的频谱，其计算速度也快于 DFT 提取所有频点频谱，但在只需要求出部分频点的频谱时，如在 SAPF 应用中的 50 次以内特征谐波，DFT 算法由于可以只计算需要的谐波频谱，因此其算法所需的时间更小，所需的数据内存量也相对较少。同时，DFT 与 FFT 相比，具有采样率和变换点数选择更灵活、实时性更好、更易控制、运算更简单、更方便地在芯片中编程实现等优点。在 SAPF 的谐波检测算法中，DFT 比 FFT 更具有优势。

而 SDFT 算法是 DFT 算法的优化，通过滑动迭代的方式，将 DFT 算法运算平均分布在每一个采样周期内，使计算量进一步下降，但 SDFT 算法也存在着一个基波周期的延时，容易失稳的缺点。本书主要的介绍的谐波提取算法为 SDFT 算法。

随着人工智能算法的出现，一些新的谐波提取算法也被提出，如小波变换法、卡尔曼滤波、自适应滤波、基于神经网络的电流检测方法等[89~93]，但由于这些算法计算复杂、计算量大的缺点，实际工程应用中很少采用。

1.3.2 电流跟踪控制技术

电流跟踪控制技术需要使 SAPF 产生的补偿电流快速且准确地跟踪指令电流，因此，电流跟踪控制技术的性能直接决定了 SAPF 的补偿性能，电流跟踪控制技术也是 SAPF 控制领域中最重点的研究内容。

1.3.2.1 滞环控制

滞环控制以其功能实现简单而被熟知。滞环控制通过比较电流误差和滞环，将电流误差控制在环宽以内。在滞环算法中，当误差超过滞环上限或下限时，将发送响应的器件开关指令，从而纠正电流误差。这种方法可以提供高精度的电流控制能力，并且控制环设计不需要任何系统参数信息。然而，由于滞环算法开关频率的不确定性，可能产生过高或者过低的开关频率，带来开关器件损耗增加，甚至发热损坏。为了避免这种热损坏，可变滞环的自适应滞环算法被提出。滞环可以根据所需的参考电流而变化，为 SAPF 提供固定的开关频率。但是，这对系统参数非常敏感，并且自适应滞环的计算增加了算法的复杂度，因而其工程应用价值不高[94,95]。

1.3.2.2 单周控制

单周控制在 1991 年 K. M. Smedley 和 Cuk，S. 首次提出，其基本思想是在每个控制周期内强迫开关输出的平均值与参考电压相等或成一定比例，从而消除误差[96]。因此，单周控制具有控制精度高、控制器结构易于设计、动态响应速度快等优点。但单周控制参数敏感度高，即使系统参数发生微小变动，其带来的干扰也可能导致控制策略的整体改变，严重时甚至会影响电路的安全运行。因此，单周控制的抗干扰性较差，目前在实际工程中很少应用[97~98]。

1.3.2.3 预测控制

预测控制是根据系统模型、过去的输入和输出及当前的输入和输出来预测受控电流的未来行为。无差拍控制是一种典型的预测控制。理论上，预测控制通过参考电流的变化，采样的电流和电压的信息，预测 SAPF 的输出电压和输出电流，使得输出电流在采样周期结束时达到所需的参考目标。但是，预测控制必须获取系统参数，以建立准确的模型预测输出电流的产生。因此，预测控制的控制精度取决于模型建立得是否精确。同时，运行时若系统参数发生改变，将对预测控制的精度产生很大影响[99~101]。

1.3.2.4 比例谐振控制

比例谐振控制（PR 控制）是一种广义积分控制，控制器的本质为二阶谐振器[102~104]。利用谐振器在谐振频率处的无限增益，使系统能够无静差地跟踪谐振频率处的参考电流信号。PR 控制的缺点也比较明显，由于单个 PR 控制器只能针对特定频率的信号进行控制，在 SAPF 应用中，参考信号为不同频率的谐波叠加的多频率信号，如果需要对所有谐波进行无静差跟踪，需要设计多个 PR 控制器去控制参考信号中的每个不同频率的谐波，此时控制器的设计复杂度将大大增加，同时数字实现时需要占用的资源也将大大提高。

1.3.2.5 重复控制

重复控制和 PR 控制本质上都属于内模控制技术，其工作原理是将含有谐波的指令电流信号的数学模型和系统的数学模型相结合，构成反馈系统，实现对指令电流信号的高精度跟踪[105]。由于谐波电流具有周期重复性，重复控制能够根据前一个周期的误差量，作为本周期的修正量来调整输出，实现跟踪由谐波组成的指令。重复控制具有控制精度高，数字实现简单的优点，已被大范围用于 SAPF 应用中，但重复控制本身存在一个基波周期的延时，导致其动态性能并不令人满意，因此，针对重复控制的动态性能的改进是重复控制领域的研究热点，但多数研究改进仅针对特征次谐波，缺乏通用性[106~110]。

1.3.3 直流侧电压控制技术

SAPF 在工作时，电网和 SAPF 直流侧存在一定的能量交换，并且由于开关、线路等损耗，也会消耗一定的能量，这些原因会引起 SAPF 直流侧电容电压的波动。该波动会增加开关器件的承压，对 SAPF 可靠运行造成影响。同时，直流侧电压的波动将可能导致补偿电流的畸变，进而对补偿效果产生影响[111~112]。因此，控制环需对直流侧电压进行控制。而当 SAPF 采用分裂式三相四线制拓扑或三电平拓扑时，除了要对直流侧总电压值进行控制之外，还需对上、下电容之间的电压进行均压控制，以消除上下电容之间的电压差值[113~115]。

1.3.3.1 直流侧稳压控制

由于 SAPF 工作时，主电路和开关器件会产生部分损耗，故此时需要从电网中吸收有功电流，从而维持直流侧电压的稳定。目前，针对这部分损耗的直流侧控制方式已有较多的研究。根据控制方式的不同，通常可以将其分为直接电压误差控制和自充电的方法。

直接电压误差控制是通过求直流侧电压与参考电压值的误差，并通过控制环生成有功电流指令，从而调节直流侧电压值。目前常用的控制环有 PI 控制和模糊逻辑控制。PI 控制因实现简单而被广泛采用，但 PI 控制在动态时存在较大的延时和较大的过冲的缺点，这使得 PI 控制存在一定的局限性[116~118]。针对 PI 控制的缺点，模糊逻辑控制被提出，并得到了广泛研究，模糊逻辑控制通过合理设置模糊域，使得直流侧电压控制过程更平滑，同时有着令人满意的控制精度和动态响应速度，但每个模糊控制域需对应一个控制规则，这将使得控制过程的计算量大大增加[119~122]。

而自充电控制方式与直接电压误差控制的区别主要在于，直流侧存储的能量与直流侧电压的平方成正比，因此自充电控制方式是通过求直流侧电压平方与参考电压值的平方，得到能量误差，从而求得交流侧所需注入的能量。直接电压误差控制相比，自充电控制在控制精度方面表现更好，其动态过冲更小，动态调节更快[123~124]。

SAPF 的直流侧电压控制大多关注直流侧平均值的稳压，但对于直流侧波动的关注较少，这是由于 SAPF 在补偿特征谐波时，直流侧波动较小，但随着 SAPF 在工业现场的广泛使用，对 SAPF 的补偿也提出了更高的要求，SAPF 除了要补偿特征次谐波，还需要补偿无功、不平衡电流[125~127]。此时直流侧电流波动问题有可能影响到 SAPF 的补偿性能，目前，已有部分文献关注到直流侧波动对 SAPF 补偿性能的影响，并通过在控制环添加滤波器的方式减少直流侧波动对补偿性能的影响，但这些方法无法实际上降低直流侧的波动，而仅抑制了波动对 SAPF 补偿性能的负面效应[125~130]。

针对直流侧波动问题，有源功率解耦技术已被广泛用于太阳能逆变器、UPS 等逆变领域[131~135]。有源功率解耦的原理为：利用有源电路，将直流侧存在的波动转移到有源电路上的储能元件上。其中，有源功率解耦电路一般被设计工作在较高的频率上，因此储能元件（一般为储能电容）可允许的电压波动范围可增大，从而有源电路中的储能元件容量能够显著减小，进而能够达到在减小直流母线上的电容的同时，又不增加整体的体积和重量。

为从根本上解决 SAPF 直流侧波动问题，本书将探索有源功率解耦技术在 SAPF 直流侧波动抑制的应用，并设计出相应的 SAPF 直流侧波动吸收电路，第 4 章将进行详细的叙述和分析。

1.3.3.2 直流侧均压控制

直流侧上下电容电压不平衡是电容分裂式拓扑的固有问题，也是系统控制的关键点。目前已经有很多学者对该问题做了大量研究，并取得了较好的成果[113,114,136]。

针对三相三线制三电平的直流侧均压控制，主要有基于零序电压注入和基于 SVPWM 冗余矢量的控制策略。基于零序电压注入的控制方式理论清晰，便于理解，但零序电压的求解较为复杂[137~140]。而基于 SVPWM 冗余矢量的控制策略是通过增加与中点电压偏移方向相反的小矢量来抑制中点电压偏移，本质上来讲，其仍是通过注入零序电压分量来实现中点电位平衡[141~144]。

而三相四线制系统中，由于中线的存在，通过注入零序电压分量的方法不再适用。针对三相四线制系统，目前中点电压平衡控制主要有基于中线电流注入的控制方式和 3D-SVPWM 调制方式。基于中线电流注入的控制方式，通过 PI 等控制环调节误差，并生成相应的中点电位平衡电流加入系统指令电流的方式，调节中点电位，但该方法 PI 控制器设计较为复杂[145~146]。而基于 3D-SVPWM 的控制策略通过扩展 3D-SVPWM 的子空间实现中点电位平衡，但其算法运算量大，且仅适用于 3D-SVPWM 调制方式，无法在目前常用的双载波 SPWM 调制下实现，算法扩展性较差[147~150]。

1.3.4　多模块并联系统控制技术

随着电网用户数量的不断增多，接入三相电网的用户增多，同时非线性负载也在急剧增加，因此对 SAPF 的容量要求越来越高。模块化并联 SAPF 系统为 SAPF 的容量扩展提供了一种很好的选择。同时，模块化并联 SAPF 系统不仅有利于实现谐波补偿容量的扩展，而且具有良好的冗余性，提高了系统的可靠性。

模块化并联 SAPF 系统需要良好的控制方式来保证多模块间的协同运行和单台模块的优良补偿性能。目前常见的模块化并联 SAPF 系统控制方法主要可分为集中控制、主从控制、分布式控制三种。

集中控制系统由一个集中控制器和 N 台相同的模块组成，其典型拓扑如图 1.10 所示[151~153]。集中控制负责对每台模块的运行状态进行收集，并控制模块的投入和切除，同时通过通讯总线，控制每个模块的输出电流，做到集中控制所有模块运行的效果。集中控制方式具有实现简单，实时性好，补偿任务分配明确的优点。但缺点是一旦集中控制器发生故障，系统将无法正常运行，冗余性较差。

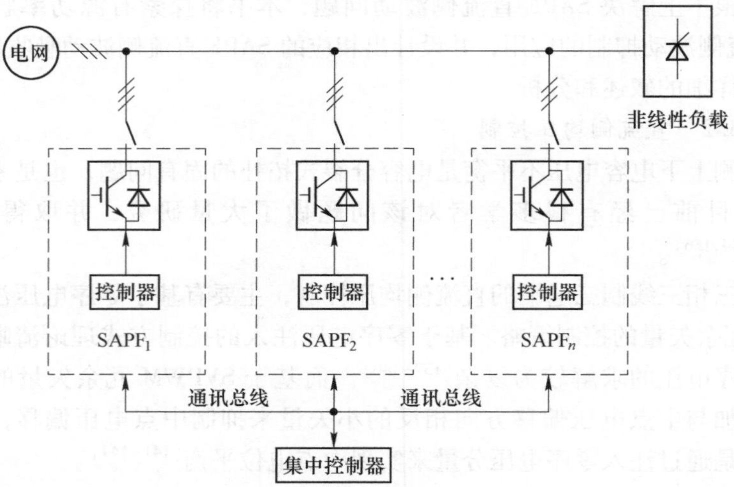

图 1.10　集中控制方式原理图

主从控制方式将集中控制器的功能集合在系统中一个模块中实现，以该模块为主机，其他模块为从机，进行协调控制，其典型拓扑如图 1.11 所示[154~156]。

主从控制一般通过竞争机制选定主机，一旦主机发生故障，其他从机重新竞争产生主机即可保证系统继续正常工作，这种机制克服了集中控制方式的缺点，但其增加了每个模块控制的运算量，且竞争机制较为复杂，一旦竞争失败，仍有可能导致系统无法继续正常工作。

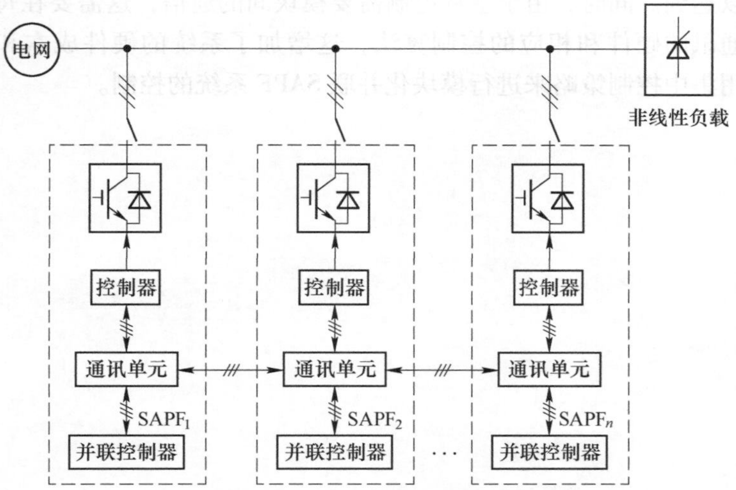

图 1.11 主从控制方式原理图

分布式控制常见于多逆变器并联系统，其典型拓扑如图 1.12 所示[157~158]。分布式控制将均流控制单元集成在每个模块中，模块间通过通信线或通过下垂特性等输出特性实现并联运行。分布式控制中的每一个模块在系统中地位平等，无主机、从机之分，一旦某台模块发生故障，其余模块不会受到影响，可靠性大大提高。

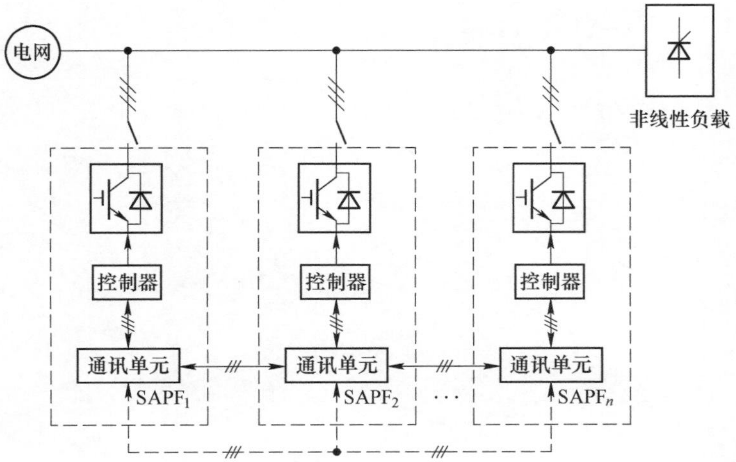

图 1.12 分布式控制方式原理图

但需要注意的是，模块化并联 SAPF 系统区别于并网逆变器系统，输出取决于系统中所包含的谐波电流总量，因此其控制需根据负载谐波电流实时变换。同时，为了经济性考虑，在保证容量的前提下，希望投入工作的 SAPF 模块数量最少，因此，模块化并联 SAPF 系统需有控制模块投入和切除的能力。这方面分布式控制难以达到。同时，由于主从控制需要模块间的通信，这需要在每个模块增加模块间通讯的硬件和相应的控制算法，这增加了系统的硬件成本和控制复杂度，故选用集中控制策略来进行模块化并联 SAPF 系统的控制。

2 基于改进型滑窗离散傅里叶的快速谐波提取算法

谐波检测精度作为 SAPF 控制的第一个环节，其性能决定了 SAPF 的稳态时的补偿精度和动态时的响应速度。传统的检测方法为，基于瞬时无功理论检测基波有功电流，再用负载电流减去基波有功电流得到谐波指令。这种传统检测方法在低通滤波性能和延时之间存在固有矛盾，一般会折中选取低通滤波器的截止频率，但延时和低通滤波性能的固有缺陷依然存在，而在动态情况下，算法中低通滤波器存在的延时，会造成了动态时得到的谐波指令与实际值存在一定的基波有功误差，容易导致动态时 SAPF 直流侧产生很大波动。因此近年来，滑窗离散傅里叶算法在谐波指令电流计算中得到了广泛应用，但是该算法存在着一个电网基波周期的固有延时，因此系统动态性能较差，在负载动态切换频繁的工况下，SAPF 补偿性能将会下降[159~162]。

本章通过分析 SDFT 算法的传递函数，介绍 SDFT 算法本质上是由一个梳状滤波器和谐振器组成的系统。信号通过系统后，首先通过梳状滤波器将所有信号衰减至 0，再通过谐振器提取相应频率的信号，从而做到提取信号的目的。同时，对应不同的频率的谐波电流，梳状滤波器的形式是一致的，改变的仅为谐振器。而传统的 SDFT 算法延时来自梳状滤波器，意味着传统 SDFT 算法中的梳状滤波器可以通过一定改进，使其滤波频率对应系统的特征谐波频率，从而降低 SDFT 算法的固有延时，同时减少数字系统计算 SDFT 算法时，所需的数据存储空间和计算量。

针对 SDFT 的稳定性问题，已有很多相关文献对此进行了分析，引入衰减因子法将 SDFT 的极点移至单位圆内从而可以保证 SDFT 稳定，但衰减因子的引入会导致计算量的增加和输出结果的准确度下降[163~164]。基于 Goertzel 算法的 SDFT 和并行 SDFT 运算，能够有准确可靠的输出结果，但实现结构复杂、运算量大[165~167]。通过分析发现，SDFT 的稳定性问题主要源于数字量化引起的谐振器极点的偏移，因此通过预旋转方法，将谐振器分母的旋转因子移出分母，使其极点固定在实数 1 处，从而消除数字量化误差，确保 SDFT 的稳定。

最后，根据电网中的负载电流的谐波特性，针对三种不同负载，分别设计了与其对应的改进 SDFT 算法，用于提取各种不同情况下的特征次谐波。实验结果验证了提出的改进 SDFT 算法的正确性和高效性。

2.1 滑窗迭代傅里叶变换 SDFT

在复频域内，周期信号可以表示成如式（2-1）的复指数级数形式，式中 k 表示谐波次数，则经过 DFT 变换后的频谱 X_k 如式（2-2）所示。求出 X_k 后，k 次谐波 $x_k(t)$ 可由式（2-1）得到。

$$x(t) = \sum_{k=-\infty}^{+\infty} X_k \cdot e^{jk\omega_0 t} \tag{2-1}$$

$$X_k = \frac{1}{T}\int_0^T x(t) \cdot e^{-jk\omega_0 t}dt \tag{2-2}$$

$$x_k(t) = X_k \cdot e^{jk\omega_0 t} \tag{2-3}$$

对式（2-2）离散化，得

$$X_k = \frac{1}{N}\sum_{i=0}^{N-1} x(i) \cdot e^{-jk\frac{2\pi}{N}i} \tag{2-4}$$

式（2-2）和式（2-4）是基于 DFT 的谐波提取方程。但是，根据上式直接计算 DFT 对计算量的要求很高。因此近年来，滑窗迭代离散傅里叶算法（SDFT）被提出，用于减少 DFT 算法的计算量。

根据滑窗迭代的思想，X_k 由 N 个连续采样点的累加和得到，滑动窗口的长度为 N，当有新采样点时，窗口右移一位，此时当前时刻 n 以及 $n-1$ 时刻 S_k 的表达式如下：

$$\begin{aligned} X_k(n-1) &= \frac{1}{N}\sum_{i=n-N}^{n-1} x(i) \cdot e^{-jk\frac{2\pi}{N}i} \\ X_k(n) &= \frac{1}{N}\sum_{i=n-N+1}^{n} x(i) \cdot e^{-jk\frac{2\pi}{N}i} \end{aligned} \tag{2-5}$$

两者表达式中大部分项均相同，$X_k(n)$ 可由 $X_k(n-1)$ 迭代得到，即

$$X_k(n) = e^{-jk\frac{2\pi}{N}} X_k(n-1) + \frac{1}{N}x(n) - \frac{1}{N}x(n-N) \tag{2-6}$$

对上式进行离散化，可得输入周期函数 $x(n)$ 到提取的 k 次谐波信号 $x_k(n)$ 的传递函数为：

$$H_S(z) = \frac{1}{N}\frac{1-z^{-N}}{1-z^{-1}e^{-j\frac{2\pi k}{N}}} \tag{2-7}$$

可以看出，该传递函数包含 N 个零点和 1 个极点，其零极点图如图 2.1 所示：

将 $H_S(z)$ 如下式分为三部分：

$$H_S(z)=\underbrace{\frac{1}{N}}_{\lambda}\underbrace{(1-z^{-N})}_{H_c(z)}\underbrace{\left(\frac{1}{1-z^{-1}e^{-j\frac{2\pi k}{N}}}\right)}_{H_r^k(z)} \tag{2-8}$$

可以看出，该传递函数由梳状滤波器 $H_c(z)$，特征频率谐振器 $H_r^k(z)$ 和幅值校准系数 λ 三个部分组成。

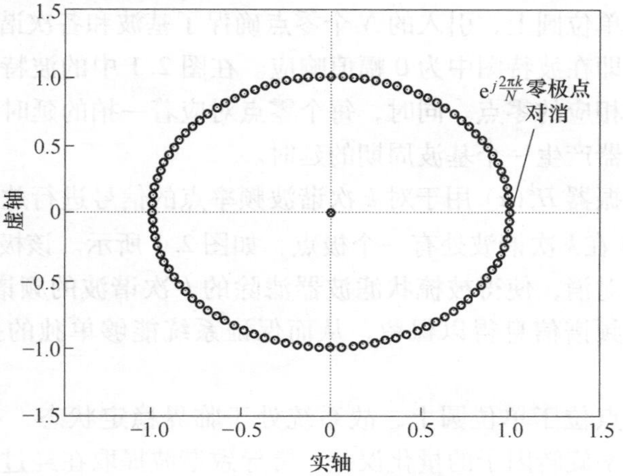

图 2.1　谐波提取传递函数的零极点分布图

$H_c(z)$ 是一个典型的有限冲激响应（FIR）滤波器，并且是通常在数字信号领域被称为梳状滤波器，其波特图如图 2.2 所示。

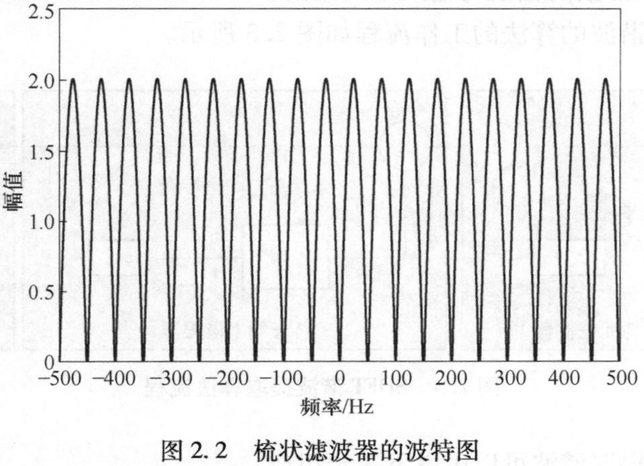

图 2.2　梳状滤波器的波特图

由图 2.2 可以看到，该梳状滤波器将对通过滤波器的所有次谐波有一个衰减至 0 的滤波效果。

同时，由传递函数可以看出，梳状滤波器存在一个基波周期的延时环节，进而使得 SDFT 算法存在一个基波周期的固有延时。

梳状滤波器 $H_c(z)$ 可以分解为：

$$H_c(z) = 1 - z^{-N} = \prod_{i=0}^{N-1}(1 - z^{-1}e^{j\frac{2\pi}{N}i}) \tag{2-9}$$

式（2-9）表明了 $H_c(z)$ 存在 N 个因式，每个因式可以看为一个缓存器，同时每个因式引入了 1 个零点，N 个因式引入的这 N 个零点位于基波和各次谐波上，均匀分布在单位圆上，引入的 N 个零点确保了基波和各次谐波在通过梳状滤波器后被滤除，即在波特图中为 0 幅值响应。在图 2.1 中的波特图中，每个陷波缺口分别对应着相应的零点。同时，每个零点对应着一拍的延时，引入的 N 个零点将对梳状滤波器产生一个基波周期的延时。

特征频率谐振器 $H_r^k(z)$ 用于对 k 次谐波频率点的信号进行放大。由传递函数可以看出，$H_r^k(z)$ 在 k 次谐波处有一个极点，如图 2.1 所示。该极点能够与梳状滤波器的零点进行对消，使得被梳状滤波器滤除的 k 次谐波的频谱信息得以保留，因此 k 次谐波的频谱信息得以保留，从而保证系统能够单独的提取所需的 k 次谐波。

而由于该极点位于单位圆上，故系统处于临界稳定状态，在数字系统实现中，由于特征频率旋转因子的量化误差，常导致谐波提取在经过数多个周期的误差累计之后，产生误差累计效应，从而导致系统失稳，这也是 SDFT 存在稳定性问题的原因。

而幅值调整因子 λ 在此处为调整 N 次累加所带来的输出幅值累加的效应，保证得到的 k 次谐波的幅值与输入是一致的。

SDFT 提取谐波的算法的工作流程如图 2.3 所示。

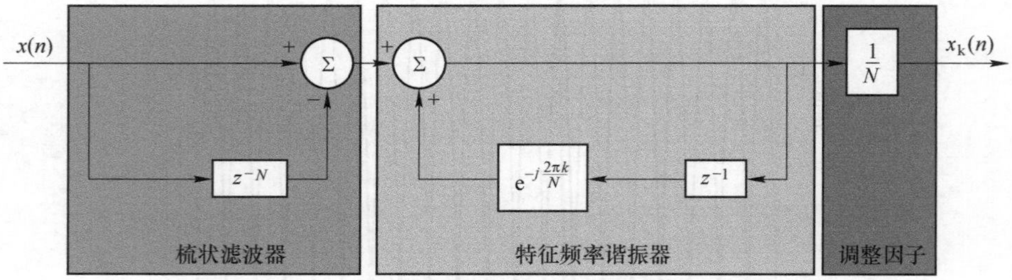

图 2.3　SDFT 谐波提取算法流程

SDFT 方法提取谐波可以由以下三步组成：

（1）输入信号通过梳状滤波器，由于梳状滤波器对应的零点位于每一次谐波的频率处，故梳状滤波器将所有次谐波滤除。

（2）通过特征频率谐振器引入 k 次谐波处的极点，对 k 次谐波处的信号产生一个高增益，从而将要选取的 k 次谐波在滤波后的信号中单独提取出来。

（3）通过幅值调整因子调节 k 次谐波的幅值，从而做到对 k 次谐波信号的还原。

可以看出，在整个过程中，梳状滤波器对 SDFT 算法的性能起到至关重要的作用：

（1）梳状滤波器引入的一系列零点，决定需要滤除的谐波成分。在传统的 DFT 中，梳状滤波器引入了 N 个均匀分布于单位圆的零点，从而滤除了所有的基波分量和谐波分量。然而，在实际工程应用中，信号包含的谐波成分不会是所有次的谐波，而是一系列特征次谐波，因此，一些零点是多余的。例如，在三相电力系统中，特征次谐波为非三次的奇次谐波 h =负序 5，正序 7，负序 11，正序 13，…，在无零序谐波的不平衡情况下，谐波次数为 h =5，7，11，13，…，在严重不平衡情况下，谐波次数为 h=3，5，7，9，11，…。总之，传统的 SDFT 引入的多余零点在很多工程应用中是没必要，且根据之前的分析，多余的零点会带来更长的计算延时，使得 SDFT 的性能变差。

（2）由式（2-9）可知，梳状滤波器由 N 个缓冲器串联，从而引入 N 个零点。而在实际应用中，SDFT 算法通常用零输入和零输出进行初始化，因此，输入的信号到被处理完成，需要 N 拍延时，从而动态过程中，传统 SDFT 至少有一个基波周期的延时。同时，每个缓冲器意味着计算过程中需要一个数字储存空间，则多余的零点会带来多余的储存空间的占用，对 SDFT 算法的实现来说也是不利的。

2.2 SDFT 的改进

2.2.1 梳状滤波器的改进

根据前一节的分析发现，传统 SDFT 的动态性能不佳主要由于梳状滤波器引入了多余的零点导致的。因此，去除原信号中本不存在的谐波频率处的多余零点则可以降低 SDFT 算法的延时。

一般的，考虑一系列等差谐波为 $mk+i$（m、i 为任意固定整数，且 $m>0$，k 为任意整数）次的谐波群。为消除该谐波群，需将零点落到 $mk+i$ 频率处，即在 z 域中，零点位于单位圆的 $e^{j\frac{2\pi(mk+i)}{N}}$ 处。

谐波群为等差数列，则 m 决定各个零点的间距。因此，在式（2-9）中，去除非 m 整数倍的零点，可得：

$$H_c(z) = \prod_{i=0}^{\frac{N}{m}-1} (1 - z^{-1} e^{j\frac{2\pi m}{N}i}) = 1 - z^{-\frac{N}{m}} \tag{2-10}$$

式（2-10）的零点位于 $e^{j\frac{2\pi mk}{N}}$ 处，则需将零点群旋转 $e^{-j\frac{2\pi i}{N}}$，因此，将加入旋转因子的 $e^{-j\frac{2\pi i}{N}}z$ 代替式（2-10）的 z，即可达到旋转零点的目的。此时梳状滤波器的表达式为：

$$H_c(z) = 1 - (e^{-j\frac{2\pi i}{N}}z)^{-\frac{N}{m}} = 1 - e^{j\frac{2\pi i}{m}}z^{-\frac{N}{m}} \tag{2-11}$$

令式（2-11）中的 $H_c(z)$ 等于 0，可以轻易地解得此时零点位于的频率为 $(mk+j)\omega_0$ 处，即为所需的 $mk+i$ 谐波频率处。

对比改进的 SDFT 算法与传统 SDFT 算法的梳状滤波器可以看出，此时滤波延时下降到传统 SDFT 的 $1/m$，因此，若采用该改进后的梳状滤波器作为 SDFT 的梳状滤波器环节，则算法的总体延时将下降到传统 SDFT 算法的 $1/m$。

改进的 SDFT 算法流程如图 2.4 所示。

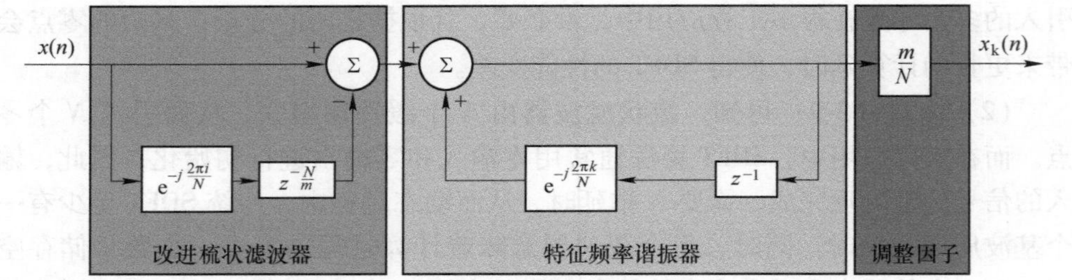

图 2.4　改进的 SDFT 谐波提取算法流程

为验证该算法的正确性，设输入信号为 $mk+i$ 组成的谐波群信号：

$$x(n) = \sum_{k=0}^{\frac{N}{m}-1} A_k e^{j\omega_0(mk+i)+\varphi_k(n)} \tag{2-12}$$

在通过式（2-11）所示的改进型梳状滤波器后，输出信号为：

$$y(n) = x(n) - e^{j\frac{2\pi i}{m}}x\left(n - \frac{N}{m}\right) = \sum_{k=0}^{\frac{N}{m}-1} A_k e^{j\omega_0 n(mk+i)+\varphi_k} - e^{j\frac{2\pi i}{m}}\sum_{k=0}^{\frac{N}{m}-1} A_k e^{j\omega_0(mk+i)(n-\frac{N}{m})+\varphi_k} = 0 \tag{2-13}$$

可以看出，在通过改进的梳状滤波器后，输入信号的各次谐波都被滤除。

当输入信号含有不止一个 $mk+i$ 谐波群的信号时，可以通过各个梳状滤波器串联的形式，达到滤波各个谐波群的目的，此时改进的梳状滤波器为：

$$H_c(z) = (1 - e^{j\frac{2\pi i_1}{m_1}}z^{-\frac{N}{m_1}})(1 - e^{j\frac{2\pi i_2}{m_2}}z^{-\frac{N}{m_2}})\cdots(1 - e^{j\frac{2\pi i_l}{m_l}}z^{-\frac{N}{m_l}}) \tag{2-14}$$

式中，m_l、i_l为任意固定整数，且 $m_l>0$，则可以看出，此时 l 个谐波群 m_1k+i_1，m_2k+i_2，…，m_lk+i_l在通过（2-14）的梳状滤波器时，所有谐波都能够被完全滤波。

需要注意的是，当采用上述串联形式的梳状滤波器时，针对某一谐波群进行最终还原时，需要排除其他谐波群的梳状滤波器带来的影响。本书将其他梳状滤波器在该点的输出值加入调整因子，从而消除这些梳状滤波器的影响，实现准确的输出。

假设此时提取的为 m_1k+i_1 谐波群里的某一谐波，则调整因子应改为：

$$\lambda_{m_1k+i_1} = \left.\frac{m_1}{N(1-\mathrm{e}^{j\frac{2\pi i_2}{m_2}}z^{-\frac{N}{m_2}})\cdots(1-\mathrm{e}^{j\frac{2\pi i_l}{m_l}}z^{-\frac{N}{m_l}})}\right|_{z=\mathrm{e}^{j\frac{2\pi}{N}(m_1k+i_1)}} \tag{2-15}$$

通过该改进方法，SDFT 在以下方面皆有提升：

（1）在传统的 DFT 中，梳状滤波器引入位于谐波频率的 N 个零点滤除包括需要提取的谐波的所有次谐波。但是，实际应用中，输入信号通常未包含特定的谐波，因此一些谐波对应的零点是不必要的。例如，三相电网系统常见非三倍的奇次谐波负序 5、正序 7、负序 11、正序 13 等的谐波群。改进的梳状滤波器，可以通过特定的谐波情景灵活配置，根据实际应用情景，利用式（2-14）设置所需的零点也是更合适的方法。

（2）如前面所述，梳状滤波器决定系统动态性能；而在改进型 SDFT 算法中，梳状滤波器可以去除传统算法中所不需要的零点，从而缩短动态的延迟时间，同时在实现过程中需要更少的数据缓存。因此，所提出的改进方法是可以改进 SDFT 的动态性能的。

（3）像传统的 DFT 一样，改进的 SDFT 仍然具有选择性谐波提取的能力。通过配置特征次谐波谐振器，可灵活地提取所需的各次谐波。

下面举例说明改进的梳状滤波器的滤波效果：

对于三相电网常见的非三倍的奇次谐波 5、7、11、13、…的谐波群，应为 $6k\pm1(k=1,2,3\cdots)$ 次谐波，因此配置的梳状滤波器为：

$$H_{\mathrm{c}}(z)=(1-\mathrm{e}^{-j\frac{2\pi}{6}}z^{-\frac{N}{6}})(1-\mathrm{e}^{j\frac{2\pi}{6}}z^{-\frac{N}{6}})=1-z^{-\frac{N}{6}}+z^{-\frac{N}{3}} \tag{2-16}$$

该梳状滤波器的零点分布图如图 2.5 所示。

与其对应的频率处，会产生一个零幅值的衰减，从而滤波这些频率处的信号，改进后的梳状滤波器波特图如图 2.6 所示。

可以看出，该梳状滤波器可以滤除所需的 $6k\pm1(k=1,2,3,\cdots)$ 次谐波。

2.2.2 特征频率谐振器的改进

SDFT 算法的特征频率谐振器的传递函数为：

$$H_{\mathrm{r}}(z)=\frac{1}{1-\mathrm{e}^{j\frac{2\pi k}{N}}z^{-1}} \tag{2-17}$$

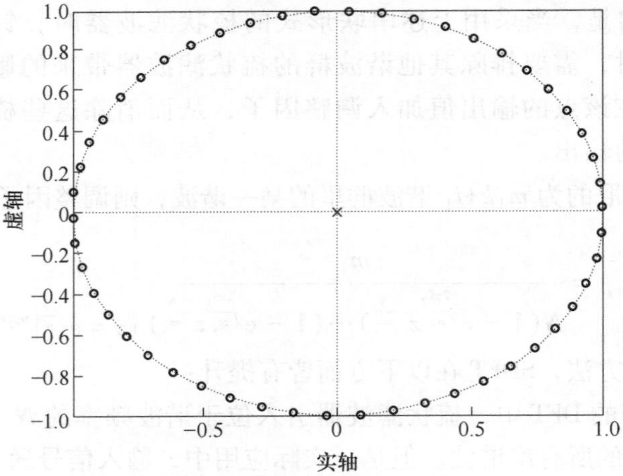

图 2.5　改进梳状滤波器零点分布图

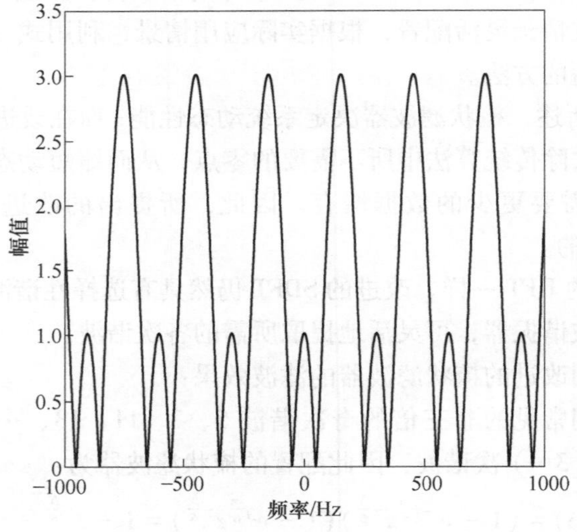

图 2.6　改进梳状滤波器波特图

特征频率谐振器所对应的极点如图 2.1 所示。易知，系统存在着一个位于单位圆上的极点 $z = e^{jk2\pi/N}$，因此系统将处于临界稳定状态。理想情况下，该极点与零点对消，系统能够稳定运行。但实际在数字系统中实现时，由于数字系统的有限字长效应，迭代因子 $e^{jk2\pi/N}$ 会存在一定的量化误差，这个误差有可能会使得极点偏离单位圆，导致系统失稳。

如果极点偏移至单位圆外，很显然系统不稳定，而如果极点偏移至单位圆内，系统是稳定的，但此时算法计算的结果将不再准确。进一步分析可知，极点偏移至单位圆内还是单位圆外，以及偏离单位圆的程度取决于数字实现系统的字长和迭代因子所采用的尾数舍入方式。定点数据相对于浮点数据而言，字长更短，尾数舍入误差更大，因此实现时偏离单位圆的程度更高。如果采用截尾法量化迭代因子时，会使实际值偏小，从而保证极点位于单位圆内，系统幅值可以稳定在一个接近真实值附近的位置，但实际上此时量化的 $e^{jk2\pi/N}$ 的相角也会有偏离，造成相位误差的累计，从而导致多个周期后出现严重的相位误差。避免数字量化旋转因子 $e^{jk2\pi/N}$ 带来的误差是解决 SDFT 算法不稳定性的关键。

考虑 SDFT 提取 0 次谐波，即直流分量这一特殊情况的时候，特征次谐波谐振器的传递函数为：

$$H_r^0(z) = \frac{1}{1 - z^{-1}} \tag{2-18}$$

此时旋转因子为 1，数字量化旋转因子时不会带来任何误差。此时系统是无条件稳定的。

由于上述性质，在实际实现中使用 SDFT 算法，可以将要提取的谐波移位到直流分量的位置，然后采用式（2-17）用于计算直流分量的值，之后再将输出重新移位到实际的频率处。

为将输入谐振器的信号移到直流频率处，这需要对输入信号进行一个旋转，借助旋转因子 $e^{-jk2\pi n/N}$ 可以实现对输入信号的旋转。设输入信号为：

$$x_k(n) = A_k e^{\frac{j\omega_0 kn}{N} + \varphi_k} \tag{2-19}$$

则加入旋转因子 $e^{-jk2\pi n/N}$ 后的直流信号为：

$$x_k^0(n) = e^{-\frac{j\omega_0 kn}{N}} A_k e^{\frac{j\omega_0 kn}{N} + \varphi_k} = A_k e^{\varphi_k} \tag{2-20}$$

可以看出，旋转后的 $x_k^0(n)$ 为一直流信号。该直流信号通过式（2-17）的滤波器时可以被式（2-17）所示的谐振器稳定地谐振。

通过谐振器后的信号也应为一直流量，设通过谐振器后的信号为 $X_k^0(n)$，则此时必须通过逆旋转的方式还原，设输出信号为 $y_k(n)$，即：

$$y_k(n) = e^{j\omega_0 kn} X_k^0(n) \tag{2-21}$$

这种方法可以从谐振器中排除复杂的旋转因子，避免累积误差潜在的不稳定性。上述的谐振器算法框图如图 2.7 所示。

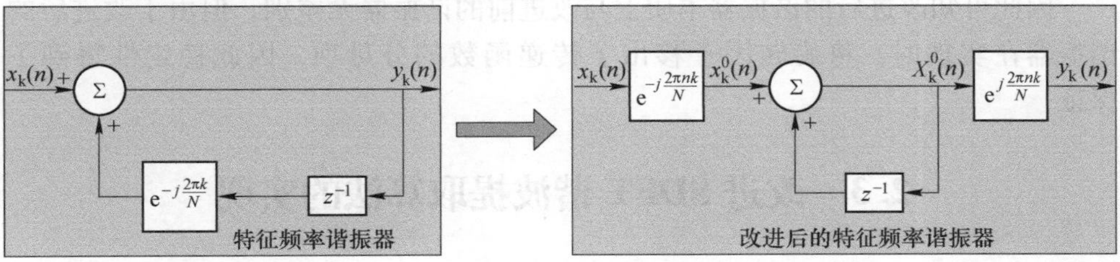

图 2.7 改进的特征频率谐振器算法框图

下面证明两种实现方式是等效的。

对于改进后的特征频率谐振器有：

$$\begin{cases} x_k^0(n) = e^{-j\frac{2\pi k}{N}n} x_k(n) \\ y_k(n) = e^{-j\frac{2\pi k}{N}} X_k^0(n) \end{cases} \tag{2-22}$$

取 Z 变换，由 Z 域尺度定理可得：

$$\begin{cases} x_k^0(z) = Z[e^{-j\frac{2\pi k}{N}n} x_k(n)] = x_k(e^{j\frac{2\pi k}{N}} z) \\ y_k(z) = Z[e^{j\frac{2\pi k}{N}n} X_k^0(n)] = X_k^0(e^{-j\frac{2\pi k}{N}} z) \end{cases} \tag{2-23}$$

且由于：

$$X_k^0(z) = \frac{1}{1 - z^{-1}} x_k^0(z) \tag{2-24}$$

则有：

$$y_k(z) = X_k^0(e^{-j\frac{2\pi k}{N}} z) = \frac{x_k^0(e^{-j\frac{2\pi k}{N}} z)}{1 - e^{j\frac{2\pi k}{N}} z^{-1}} \tag{2-25}$$

由式（2-22），可知：

$$x_k^0(e^{-j\frac{2\pi k}{N}} z) = x_k(e^{-j\frac{2\pi k}{N}} e^{j\frac{2\pi k}{N}} z) = x_k(z) \tag{2-26}$$

将式（2-26）代入式（2-22），可得：

$$y_k(z) = X_k^0(e^{-j\frac{2\pi k}{N}} z) = \frac{x_k^0(e^{-j\frac{2\pi k}{N}} z)}{1 - e^{j\frac{2\pi k}{N}} z^{-1}} = \frac{x_k(z)}{1 - e^{j\frac{2\pi k}{N}} z^{-1}} \tag{2-27}$$

即改进后的谐振器传递函数为：

$$H_r(z) = \frac{y_k(z)}{x_k(z)} = \frac{1}{1 - e^{j\frac{2\pi k}{N}} z^{-1}} \tag{2-28}$$

因此可知改进后的谐振器本质上与改进前的谐振器无差别，但由于改进后的谐振器在实现时，将旋转因子移出了传递函数的分母项，因此稳定性得到了保证。

2.3　改进 SDFT 谐波提取算法的实现

在实际的 SAPF 应用中，谐波群可能不止一个，故对应的梳状滤波器可根据实际需要选择一个或多个进行串联组成。同时，谐波提取往往需要提取多个谐波，因此需要为 SDFT 算法配置多个特征频率谐振器，在实际实现中，多个谐振器以并联的形式连接，具体的算法框图如图 2.8 所示。

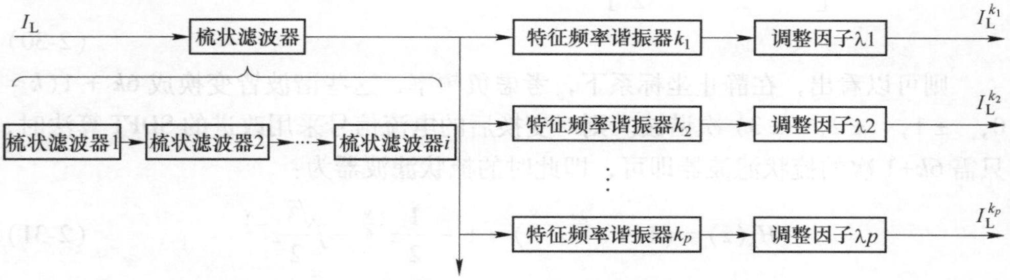

图 2.8 改进的 SDFT 算法提取谐波总体框图

可以看出，通过灵活的配置梳状滤波器和各次谐波的谐振器，所需提取的各次谐波将从负载电流中被依次提取出来。

2.3.1 6k+1 次 SDFT 的谐波提取实现

电力系统中逆变器和整流器应用最为广泛，在三相平衡的情况下，其在电网中的电流由 50Hz 基波成分和 5 次负序、7 次正序、11 次负序和 13 次正序等谐波成分组成，在 abc 坐标系下，这些非正弦周期电流可以表示为：

$$\begin{bmatrix} i_a(t) \\ i_b(t) \\ i_c(t) \end{bmatrix} =$$

$$\begin{bmatrix} \sum\limits_{\substack{h=6k+1 \\ k=0,1,2,3,\cdots}}^{+\infty} [i_h\cos(h\omega t+\phi_h^+)] \\ \sum\limits_{\substack{h=6k+1 \\ k=0,1,2,3,\cdots}}^{+\infty} \left[i_h\cos\left(h\omega t+\phi_h^+ +\frac{2\pi}{3}\right)\right] \\ \sum\limits_{\substack{h=6k+1 \\ k=0,1,2,3,\cdots}}^{+\infty} \left[i_h\cos\left(h\omega t+\phi_h^+ -\frac{2\pi}{3}\right)\right] \end{bmatrix} + \begin{bmatrix} \sum\limits_{\substack{h=6k-1 \\ k=1,2,3,\cdots}}^{+\infty} [i_h\cos(h\omega t+\phi_h^-)] \\ \sum\limits_{\substack{h=6k+1 \\ k=1,2,3,\cdots}}^{+\infty} \left[i_h\cos\left(h\omega t+\phi_h^- -\frac{2\pi}{3}\right)\right] \\ \sum\limits_{\substack{h=6k+1 \\ k=1,2,3,\cdots}}^{+\infty} \left[i_h\cos\left(h\omega t+\phi_h^- +\frac{2\pi}{3}\right)\right] \end{bmatrix} \tag{2-29}$$

上式中，$k=0$ 即代表正序基波含量，将这些信号做 clark 变换得到：

$$\begin{bmatrix} i_\alpha(t) \\ i_\beta(t) \end{bmatrix} = \frac{2}{3}\begin{bmatrix} 1 & -\frac{1}{2} & -\frac{1}{2} \\ 0 & \frac{\sqrt{3}}{2} & -\frac{\sqrt{3}}{2} \end{bmatrix} i_{abc}(t) = \sum_{\substack{h=6k+1 \\ k=0,\ \pm1,\ \pm2,\ \pm3}}^{\infty} \begin{bmatrix} i_{\alpha h}(t)\cos(h\omega t + \theta_h) \\ i_{\beta h}(t)\sin(h\omega t + \theta_h) \end{bmatrix} \tag{2-30}$$

则可以看出，在静止坐标系下，考虑负频率，这些谐波皆变换成 $6k + 1(k = 0,\ \pm 1,\ \pm 2,\ \pm 3)$ 次谐波。则对变换后的电流信号采用改进的 SDFT 算法时，只需 $6k+1$ 次的梳状滤波器即可，即此时的梳状滤波器为：

$$H_c(z) = (1 - e^{j\frac{2\pi}{6}} z^{-\frac{N}{6}}) = 1 - \frac{1}{2} z^{-\frac{N}{6}} - j\frac{\sqrt{3}}{2} z^{-\frac{N}{6}} \tag{2-31}$$

在整个频率范围内，该滤波器的波特图如图 2.9 所示。

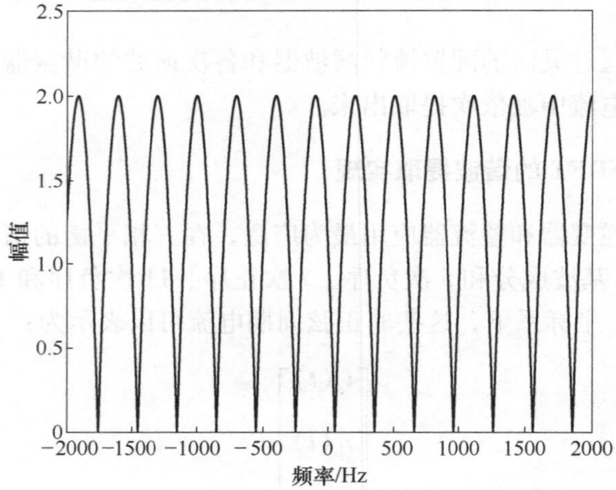

图 2.9　三相平衡时，$6k+1$ 次梳状滤波器波特图

可以看到，此时梳状滤波器能够滤波…，−11，−5，1，7，13，…次谐波，该结果与做 Clark 变换后的谐波正好一致。

可以看到此时梳状滤波器为含有 j 的复数滤波器，这不易于数字实现。在电力系统信号中，虚数 j 可理解为该信号超前旋转 90°，这与三相对称系统的静止坐标系两个坐标轴关系一致，即 $i_\beta = ji_\alpha$。因此，在数字系统实现时，复数滤波器的实现方法如图 2.10 所示。

可以看到，采用该方法后，静止坐标系的两个轴对应的信号都可以正确的被滤除相应的谐波，对滤波后的 $i_{c\alpha}$ 和 $i_{c\beta}$ 用对应的特征谐波谐振器还原相应的谐波，即可灵活地提取各次谐波。

由以上分析可知，由于梳状滤波器设计为 $6k+1$ 次谐波滤除，故此时的动态延时应为 1/6 个基波周期的延时。

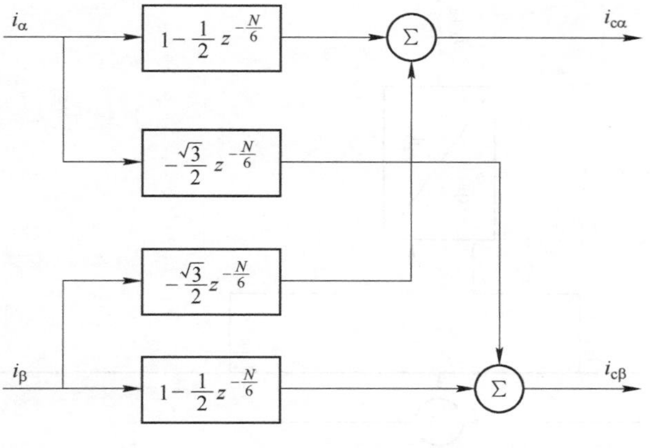

图 2.10 复数梳状滤波器的交叉解耦实现

此时应用改进的 SDFT 算法时，整个谐波提取流程如图 2.11 所示。

在 Matlab 仿真软件中编写程序，构造一个由基波、负序 5 次、正序 7 次、负序 11 次、正序 13 次、负序 17 次和正序 19 次正弦波叠加而成的三相平衡非正弦周期信号，并在 0.04s 处将其幅值缩小为原来的 30%，该输入波形的波形如图 2.12所示。

首先验证该改进 SDFT 算法提取单次谐波的能力。采用如图 2.11 所示的改进 SDFT 方法进行 5 次谐波提取，与输入的 5 次谐波对比结果如图 2.13 所示。

可以看到，提取的 5 次谐波稳态时完全还原了输入信号的 5 次谐波含量，同时，在输入谐波信号动态变换时，改进的 SDFT 仅用了 1/6 个基波周期即可重新跟踪上变化后的谐波信号，这与传统 DFT 的 20ms 有了巨大的提升。

进一步验证改进的 SDFT 提取全部谐波含量的能力，将所有次谐波的特征频率谐振器并联加入系统，用于提取所有的谐波含量，图 2.14 为仿真结果。

与提取单次谐波类似，当提取所有次谐波的时三相候，改进 SDFT 可以在稳态时完全提取三相电流中的谐波含量，同时，在输入发生改变时，SDFT 可以迅速响应负载的变化，动态调整时间仍为 3.3ms 左右，下降到了传统 SDFT 的 20ms 的 1/6。大大提高了 SDFT 在谐波提取时的动态响应。

2.3.2 6*k*±1 次 SDFT 的谐波提取实现

当三相不平衡时，负载电流中各次谐波将引入正、零、负序，此时三相特征电流间不再有固定的相位关系，因此前一节采用的在两相静止坐标系下的提取方法将不再适用。在此条件下，三相负载电流应分相提取，即等效于分别提取三个单相电流的方法。

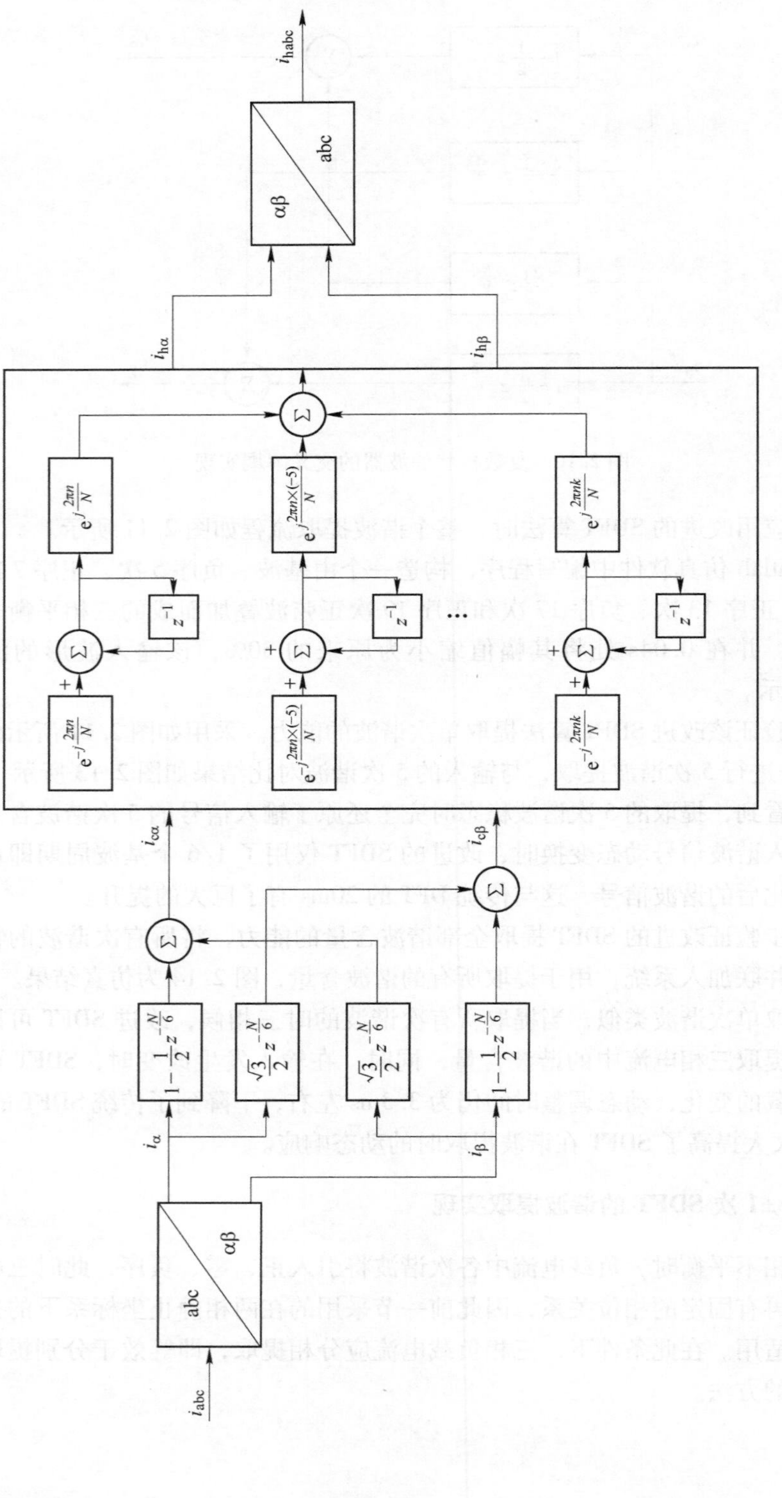

图 2.11　三相平衡时，6k+1 次谐波 SDFT 总体实现方法

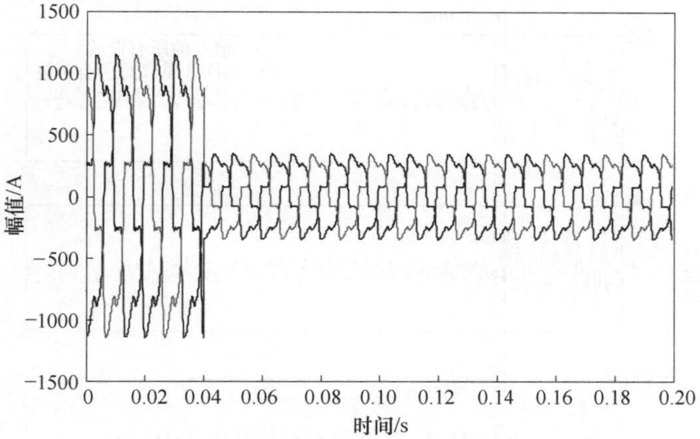

图 2.12 三相平衡时，三相输入波形

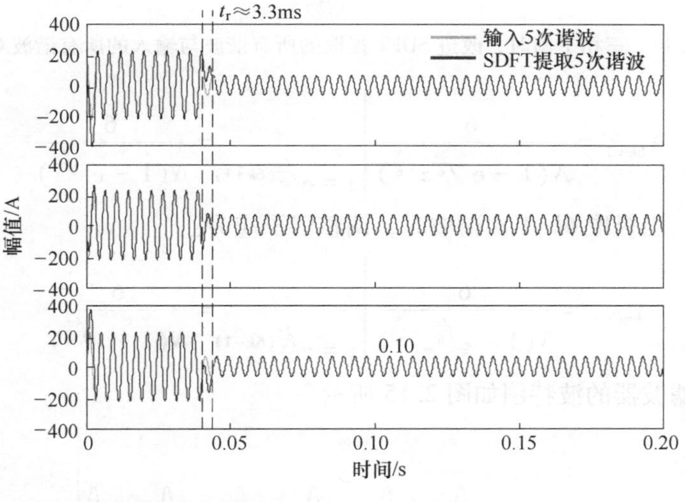

图 2.13 三相平衡时，改进 SDFT 提取的 5 次谐波与输入的 5 次谐波对比

而三相系统中，系统中的特征电流仍为 $6k\pm1$（$k=1, 2, 3, \cdots$）次电流，故此时改进 SDFT 算法的梳状滤波器选择由 $6k+1$ 与 $6k-1$ 两个梳状滤波器串联形成，此时梳状滤波器的传递函数为：

$$H_c(z)=(1-e^{-j\frac{2\pi}{6}}z^{-\frac{N}{6}})(1-e^{j\frac{2\pi}{6}}z^{-\frac{N}{6}})=1-z^{-\frac{N}{6}}+z^{-\frac{N}{3}} \tag{2-32}$$

可以看到，由于此时复数滤波器的对偶关系，化简后梳状滤波器不再含有复数项，这利于该梳状滤波器的数字实现。

但此时由于涉及两个梳状滤波器串联，故需要将调整因子做一定调整，根据式（2-15），当提取 $6k+1$ 次谐波时：

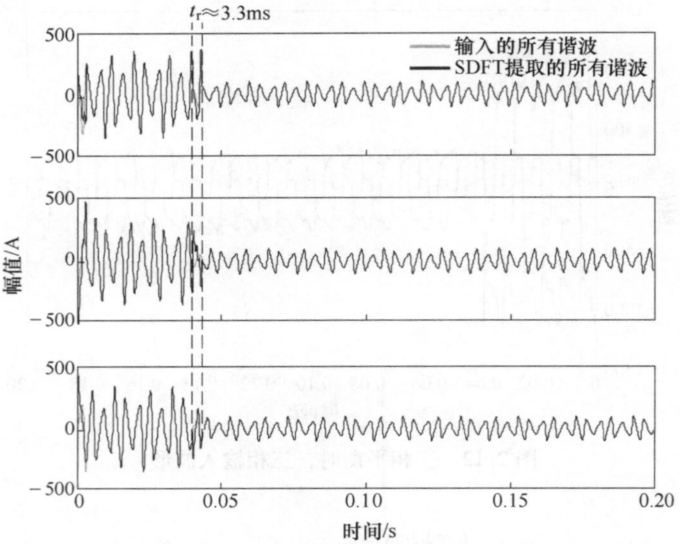

图 2.14　三相平衡时，改进 SDFT 提取的所有谐波与输入的所有谐波对比

$$\lambda_{6k+1} = \frac{6}{N\left(1 - e^{-j\frac{2\pi}{6}} z^{-\frac{N}{6}}\right)} \Bigg|_{z = e^{j\frac{2\pi}{N}(6k+1)}} = \frac{6}{N\left(1 - e^{-j\frac{4\pi}{6}}\right)} \tag{2-33}$$

同样的，当提取 6k−1 次谐波时，调整因子应为：

$$\lambda_{6k-1} = \frac{6}{N\left(1 - e^{j\frac{2\pi}{6}} z^{-\frac{N}{6}}\right)} \Bigg|_{z = e^{j\frac{2\pi}{N}(6k-1)}} = \frac{6}{N\left(1 - e^{j\frac{4\pi}{6}}\right)} \tag{2-34}$$

此梳状滤波器的波特图如图 2.15 所示。

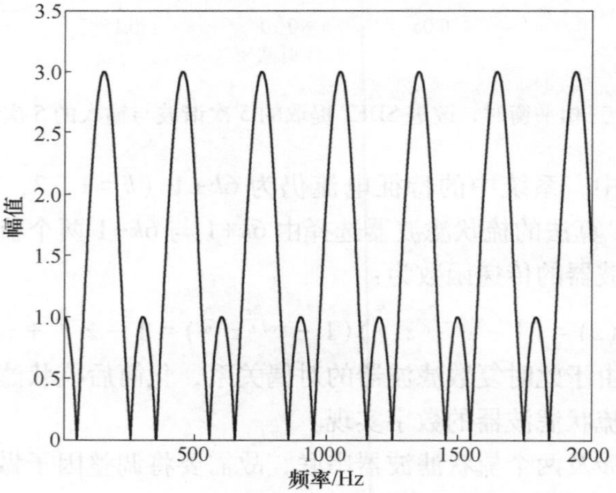

图 2.15　改进 6k±1 次梳状滤波器波特图

可以看到，此梳状滤波器可以屏蔽掉所有 $6k\pm1$ 谐波。而由于该梳状滤波器为 $6k+1$ 与 $6k-1$ 两个梳状滤波器串联而成，故信号通过该梳状滤波器的动态延时应为两个梳状滤波器的延时叠加，即 1/3 个基波周期。

利用该梳状滤波器，可直接提取对应的特征次谐波，省去了前一节所述的交叉解耦实现复数滤波器的过程，数字实现得到了简化，具体实现方式如图 2.16 所示。

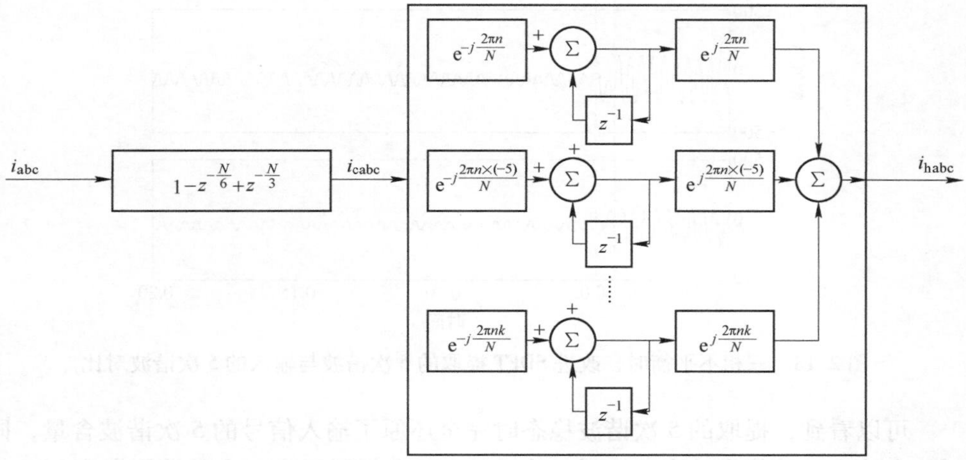

图 2.16 三相不平衡时，$6k\pm1$ 次谐波 SDFT 总体实现方法

为验证上述方法的有效性，在 Matlab 仿真软件中编写程序，构造一个由基波、5、7、11、13、17 和 19 次正弦波叠加而成的三相不平衡非正弦周期信号，并在 0.04s 处将其幅值缩小为原来的 30%，该输入信号的波形如图 2.17 所示。

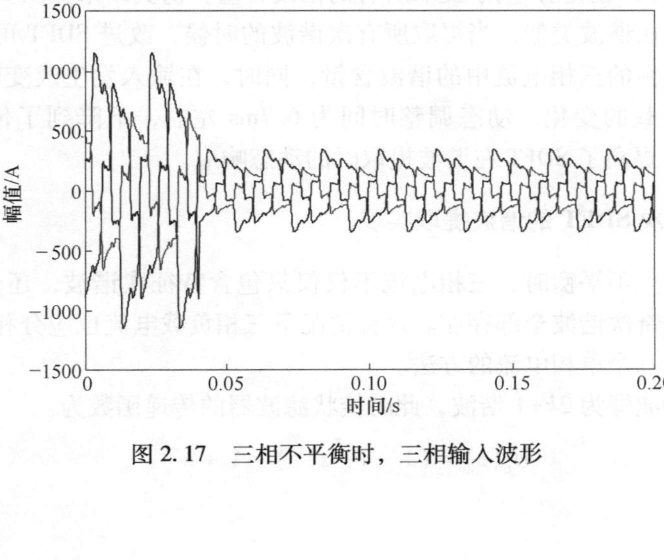

图 2.17 三相不平衡时，三相输入波形

首先验证该改进 SDFT 算法提取单次谐波的能力。采用如图 2. 16 所示的改进 SDFT 方法进行 5 次谐波提取，与输入的 5 次谐波对比结果如图 2. 18 所示。

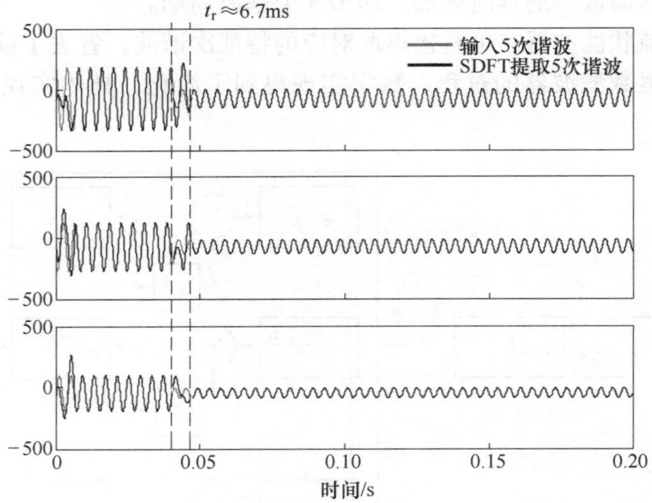

图 2. 18　三相不平衡时，改进 SDFT 提取的 5 次谐波与输入的 5 次谐波对比

可以看到，提取的 5 次谐波稳态时完全还原了输入信号的 5 次谐波含量，同时，在输入谐波信号动态变换时，改进的 SDFT 仅用了 1/3 个基波周期即可重新跟踪上变化后的谐波信号，动态调整速度虽然与平衡时 SDFT 提取算法的 1/6 个基波周期相比，下降了一半，但比传统 DFT 的 20ms 仍有巨大的提升。这增加的延时来源于多了一个梳状滤波器。

进一步验证改进的 SDFT 提取全部谐波含量的能力，将所有次谐波的特征频率谐振器并联加入系统，用于提取所有的谐波含量，仿真结果如图 2. 19 所示。

与提取单次谐波类似，当提取所有次谐波的时候，改进 SDFT 可以在稳态时完全提取不平衡的三相电流中的谐波含量，同时，在输入发生改变时，SDFT 可以迅速响应负载的变化，动态调整时间为 6. 7ms 左右，下降到了传统 SDFT 的 20ms 的 1/3。提高了 SDFT 在谐波提取时的动态响应。

2. 3. 3　2*k*+1 次 SDFT 的谐波提取实现

当三相严重不平衡时，三相电流不仅仅只包含特征次谐波，还包含 3*k* 次零序谐波，也即奇次谐波全部存在。这种情况下三相负载电流也应分相提取，即等效于分别提取三个单相电流的方法。

奇数次谐波即为 2*k*+1 谐波，此时梳状滤波器的传递函数为：

$$H_c(z) = (1 - e^{j\frac{\pi}{2}} z^{-\frac{N}{2}}) = 1 + z^{-\frac{N}{2}} \tag{2-35}$$

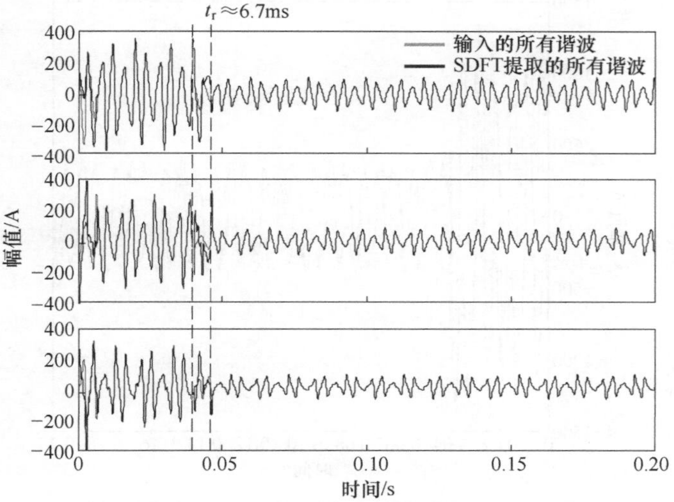

图 2.19 三相不平衡时，改进 SDFT 提取的所有谐波与输入的所有谐波对比

该梳状滤波器的波特图如图 2.20 所示。

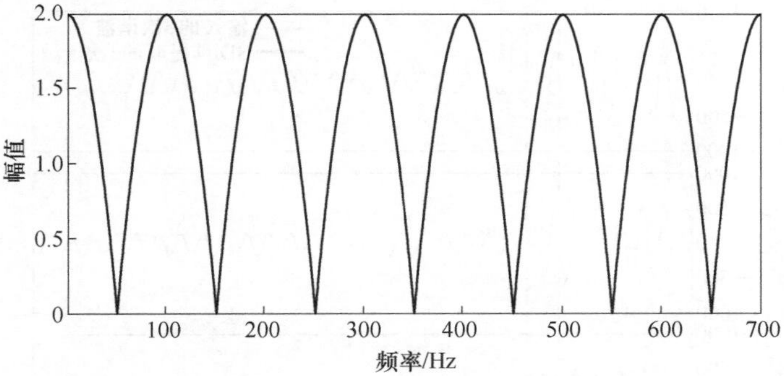

图 2.20 改进 $2k+1$ 次梳状滤波器波特图

可以看到，此梳状滤波器可以屏蔽掉所有 $2k+1$ 次谐波，即所有奇数次谐波。而由于该梳状滤波器为 $2k+1$ 次，故信号通过该梳状滤波器的动态延时应为 1/2 个基波周期。

此时由于系统处于严重的不平衡状态，故三相谐波提取时也应该分相提取，具体实现方式如前一节所示，这里不再赘述。

为验证上述方法的有效性，在 Matlab 仿真软件中编写程序，在之前的三相不平衡非正弦周期信号中加入 3 次谐波，并仍在 0.04s 处将其幅值缩小为原来的 30%，该输入波形如图 2.21 所示。

首先验证该改进 SDFT 算法提取单次谐波的能力。采用如图 2.16 所示的改进

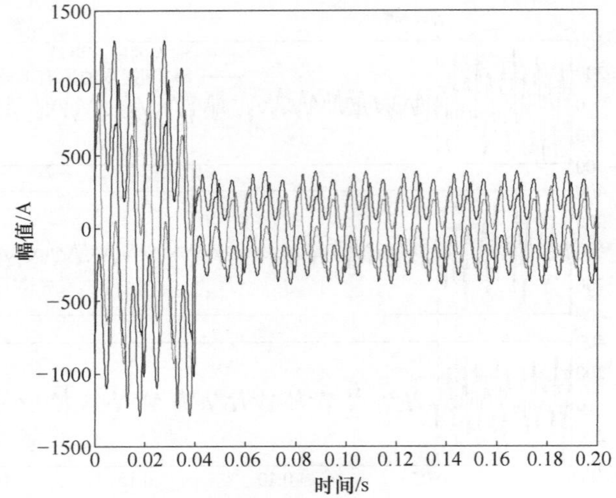

图 2.21　三相严重不平衡时输入三相信号波形

SDFT 方法进行 3 次谐波提取，与输入的 3 次谐波对比结果如图 2.22 所示。

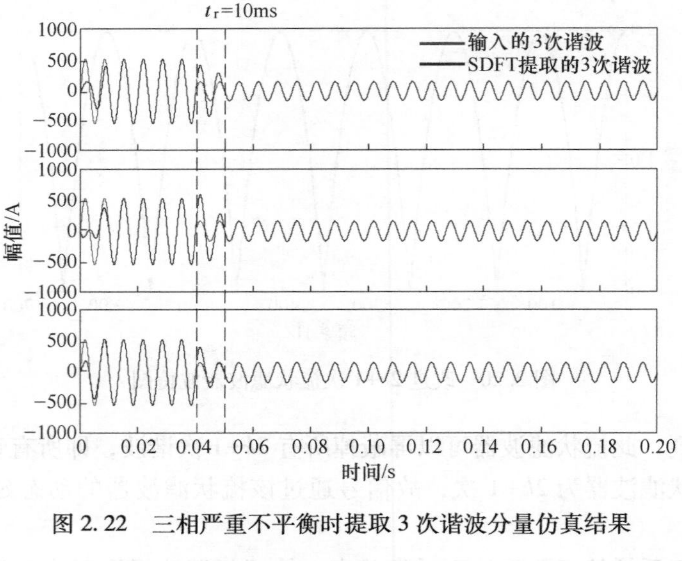

图 2.22　三相严重不平衡时提取 3 次谐波分量仿真结果

可以看到，提取的 3 次谐波稳态时完全还原了输入信号的 3 次谐波含量，同时，在输入谐波信号动态变换时，改进的 SDFT 用了 1/2 个基波周期即可重新跟踪上变化后的谐波信号，虽然与前两种算法相比动态延时增加了，但该算法可以提取前两种方法所不能提取的 3 次谐波，同时较传统 SDFT 算法，仍减小了一半。这增加的延时主要源于设计的梳状滤波器需滤除的谐波次数增加了。

进一步验证改进的SDFT提取全部谐波含量的能力，将所有次谐波的特征频率谐振器并联加入系统，用于提取所有的谐波含量，仿真结果如图2.23所示。

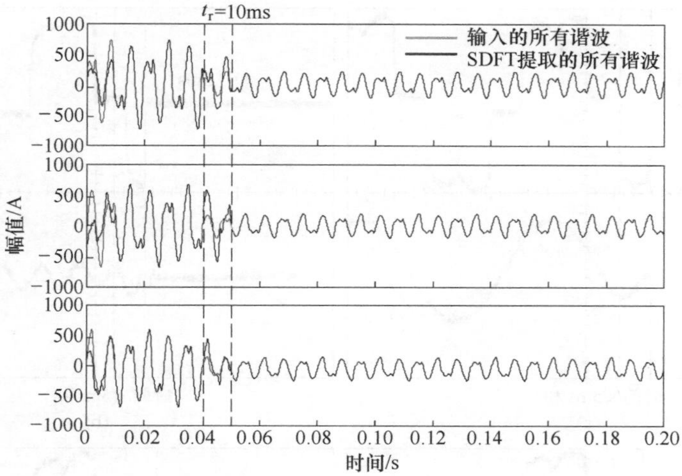

图2.23　三相严重不平衡时，提取所有谐波分量仿真结果

与提取单次谐波类似，当提取所有次谐波的时候，改进SDFT可以在稳态时完全提取严重不平衡的三相电流中的谐波含量，同时，在输入发生改变时，SDFT可以较快地响应负载的变化，动态调整时间为10ms左右，下降到了传统SDFT的20ms的1/2，提高了SDFT在谐波提取时的动态响应。

可以看到，通过以上三种改进SDFT，三相系统中的绝大部分谐波皆能够被还原，且动态性能较传统SDFT都有了一个可观的提升。当面对更复杂的谐波负载时，可根据本章第二节的内容灵活的配置梳状滤波器，从而使SDFT适应各种不同复杂的工况。

2.4 实验验证

为验证提出的改进滑窗SDFT算法的工程实用价值，搭建实验平台对SDFT的正确性和稳定性进行验证。控制器采用DSP2812，利用内置12位AD对负载电流信号进行采样，为方便计算结果的输出，外扩了DA作为计算结果的输出。输入信号经过采样调理电路后送入芯片中进行AD转换，经过SDFT计算后再通过DAC模块输出到示波器。

2.4.1 6k+1次SDFT谐波提取实验

针对三相不控整流桥负载产生的谐波，利用6k+1次SDFT进行基波，5次谐波，5~25 次谐波提取，基波和 5~25 次谐波的提取，并记录负载变化时的 SDFT 输出结果的动态响应，实验结果如图 2.24 所示。

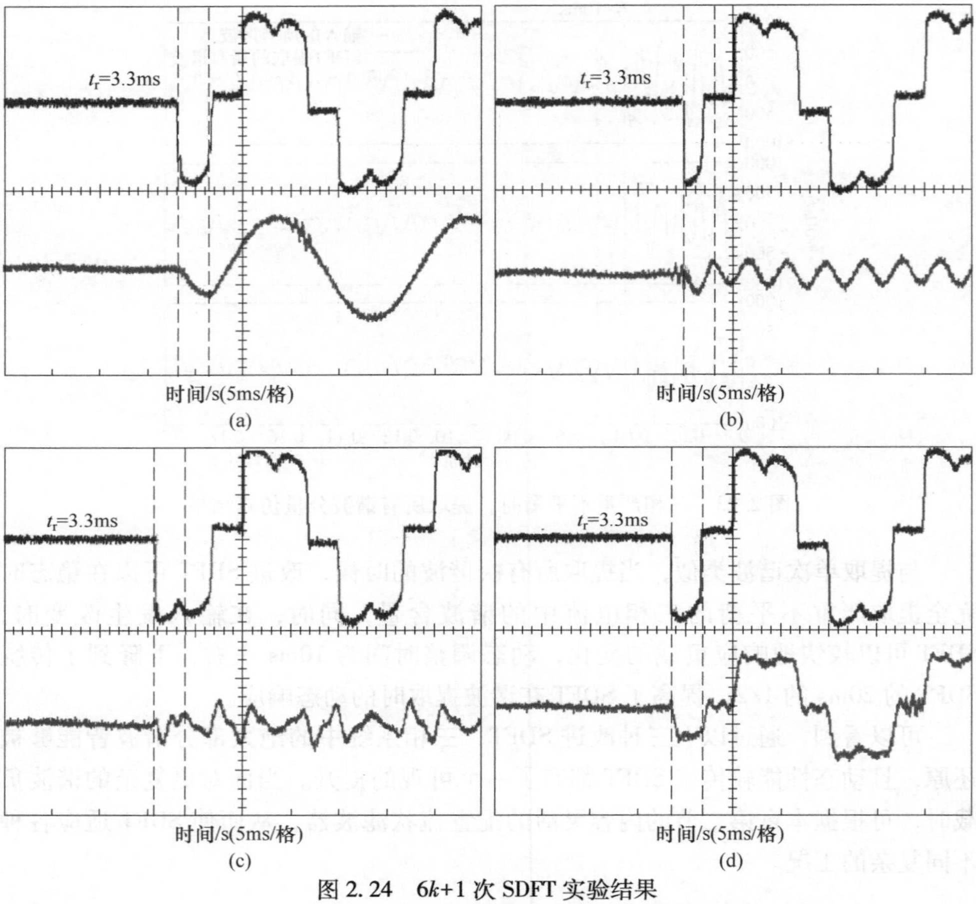

图 2.24　6*k*+1 次 SDFT 实验结果

（a）基波；（b）5 次谐波；（c）5~25 次谐波；（d）基波和 5~25 次谐波

由图 2.24 可以看到，用 6*k*+1 次 SDFT 提取谐波时，所需的基波和各次谐波能够被完整的提取，并重构出完整的负载电流。同时可以看到，在负载动态变化时，6*k*+1 次 SDFT 能够在 1/6 个基波周期后完成动态响应过程，进入稳态，这与理论分析和前文仿真的结果一致。

2.4.2　6*k*±1 次 SDFT 谐波提取实验

同样的，利用前文 2.3.2 节的 6*k*±1 次 SDFT 进行分相的基波，5 次谐波，5~25 次谐波提取，基波和 5~25 次谐波的提取，并记录负载变化时的 SDFT 输出结果的动态响应，实验结果如图 2.25 所示。

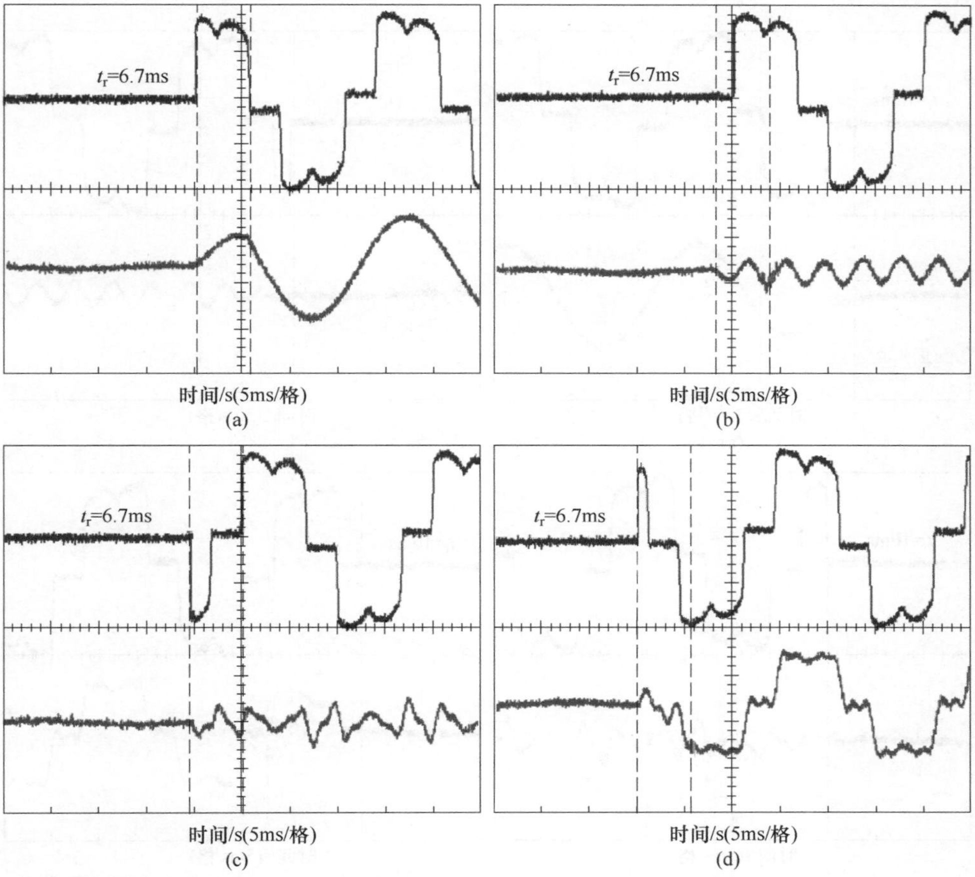

图 2.25　$6k\pm1$ 次 SDFT 实验结果

（a）基波；（b）5 次谐波；（c）5~25 次谐波；（d）基波和 5~25 次谐波

类似的，由图 5.25 可以看到，用 $6k\pm1$ 次 SDFT 提取谐波时，所需的基波和各次谐波能够被完整的提取，并重构出完整的负载电流。

同时可以看到，在负载动态变化时，$6k\pm1$ 次 SDFT 能够在 1/3 个基波周期后完成动态响应过程，进入稳态，这与理论分析和前文仿真的结果一致，与 $6k+1$ 次 SDFT 相比，延时增加了一倍，但该方法由于可以分相提取，较 $6k+1$ 次 SDFT 有更好的负载条件适应性。

2.4.3　$2k+1$ 次 SDFT 谐波提取实验

利用第 2.3.3 节的 $2k+1$ 次 SDFT 进行分相的基波、5 次谐波、5~25 次谐波提取、基波和 5~25 次谐波的提取，并记录负载变化时的 SDFT 输出结果的动态响应，实验结果如图 2.26 所示。

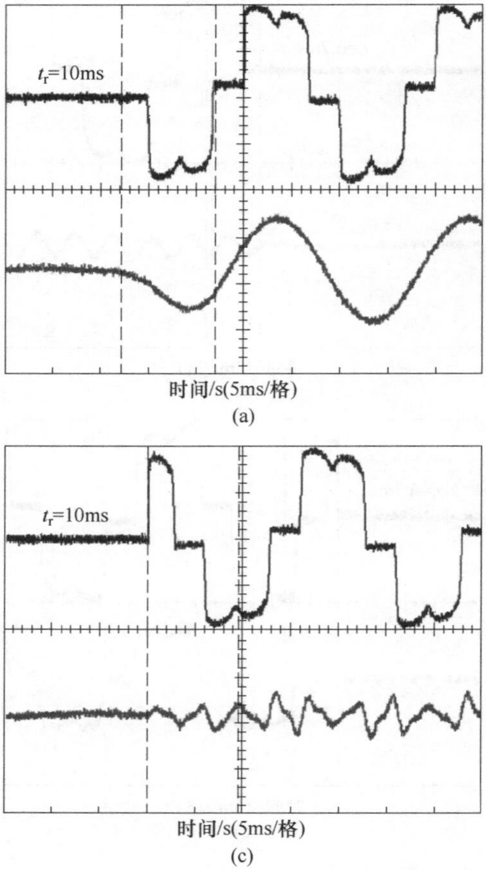

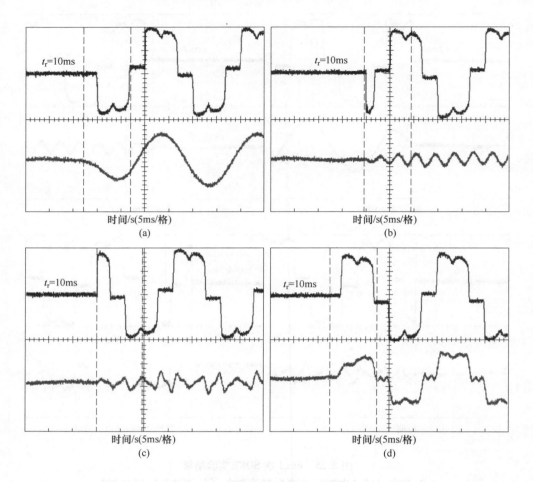

图 2.26　2k+1 次 SDFT 实验结果

（a）基波；（b）5 次谐波；（c）5~25 次谐波；（d）基波和 5~25 次谐波

与前面两种方法类似，用 2k+1 次 SDFT 提取谐波时，所需的基波和各次谐波能够被完整的提取，并重构出完整的负载电流。

在负载动态变化时，2k+1 次 SDFT 能够在 1/2 个基波周期后完成动态响应过程，进入稳态，符合理论分析，虽然该方法延时增大到 1/2 基波周期，但相对传统 SDFT 仍提高了一倍，且该方法由于可以分相提取三相系统中的所有奇次谐波，因而该方法更能适应各种复杂的工况。

2.4.4　选择性谐波补偿实验结果

使用所研制的三电平 66 kVA SAPF 样机进行选择性谐波补偿实验，验证提出的改进 SDFT 算法灵活的选择性谐波补偿能力，结果如图 2.27 所示。

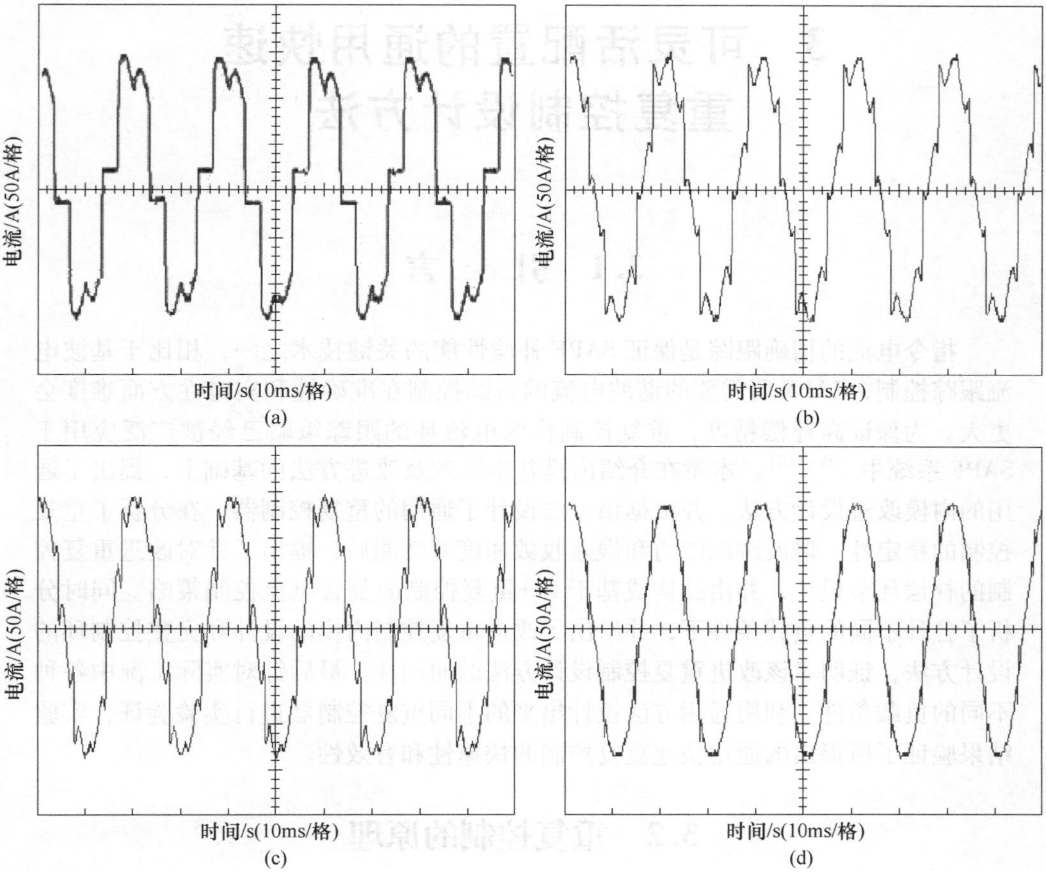

图 2.27 选择性补偿实验结果

（a）不补偿；（b）5 次谐波；（c）5、7 次谐波；（d）5~25 次谐波的实验结果

由图 2.27 可知，仅补偿 5 次谐波时，能够很好的补偿负载产生的 5 次谐波，其他未被补偿的各次谐波基本没有发生变化，同样，仅补偿 5、7 次谐波时，电网中原先存在的 5、7 次谐波基本被滤除了，其他各次未被补偿的谐波和补偿前基本一样。当选择补偿 5~25 次谐波时，可以看到原本存在 5~25 次谐波都被滤除了，电网电流基本恢复正弦化。

实验结果说明改进的 SDFT 算法既能够进行任意单次谐波的精确检测，也能够针对各种情况下的负载，进行选择性谐波的检测提取和补偿，具有较好的补偿精度和灵活性。

3 可灵活配置的通用快速重复控制设计方法

3.1 引　　言

指令电流的精确跟踪是保证SAPF补偿性能的关键技术之一，相比于基波电流跟踪控制，SAPF所需要的谐波电流的跟踪控制在准确性和实时性方面难度会更大。为保证高补偿精度，重复控制作为电流环的跟踪策略已经被广泛应用于SAPF系统中[106~110]。本章在介绍内模基本原理及改进方法的基础上，提出了通用的内模改进设计方法，并根据该方法设计了通用的重复控制器，在分析了重复控制的稳定性、谐波跟踪能力和误差收敛速度等性能后，提出了针对改进重复控制的补偿环节设计，并由此构成基于PI+重复控制的复合电流控制策略。同时分析了各种不同的负载条件下，并给出了改进重复控制内模的设计和完整控制环的设计方法，证明了该改进重复控制设计方法的通用性。最后针对实际工况中各种不同的负载条件，利用通用方法设计出来的不同重复控制器进行实验验证，实验结果验证了所提出的通用快速重复控制的快速性和有效性。

3.2 重复控制的原理

3.2.1 内模原理

重复控制是根据内模原理思想改进提出的。内模原理的主要思想为：对任意一个闭环的控制系统，如果系统的反馈量为被调节的量，并且反馈回路包含了和控制器外部信号的动态模型，那么控制系统将会是稳定的。内模原理的本质是将外部信号的动态模型，插入整个控制器内，从而组成具有高跟踪精度的控制系统。根据内模原理，保证所设计的闭环控制是稳定的同时，在所设计的闭环控制器中插入如式（3-1）所示的内模发生器时，即可实现对各次谐波的高精度跟踪。

$$G_{\mathrm{repin}}(s)=\frac{1}{1-\mathrm{e}^{-sT_0}} \tag{3-1}$$

式中，$G_{\mathrm{repin}}(s)$为内模发生器传递函数，T_0为信号周期。设T_s为采样周期，则每个周期的采样点数为$N=T_0/T_s$，为方便讨论，本书中T_0为电网基波周期20ms，采样频率f_s为15kHz，则N为300。由于模拟系统中延时环节e^{-T_s}难以实现，因此将其离散化处理，采用数字方式时，其传递函数如式（3-2）所示。

$$G_{CRCin}(z)=\frac{1}{1-z^{-N}} \tag{3-2}$$

根据以上内模原理提出的传统的重复控制器（CRC），一般包括内模发生器、基波周期延时环节（z^{-N}），其典型结构如图3.1所示。周期延时环节是根据谐波信号具有周期重复特性设计的，其能够将上一个周期控制量延时到本周期对应时刻输出，实现超前矫正的效果。

由图3.1可知，前向通道存在的周期延时环节使得CRC需要N次采样才能对重复控制的内模进行一次更新，因此重复控制实际起作用会滞后一个基波周期，这就是CRC存在的一个基波周期的固有延时。因此，基于CRC设计的SAPF控制系统在跟踪动态较频繁的谐波电流指令时，动态响应速度较差，此外CRC在数字系统中实现时，还需要占用N个内存单元储存前一个周期的内模信息。完整重复控制传递函数为：

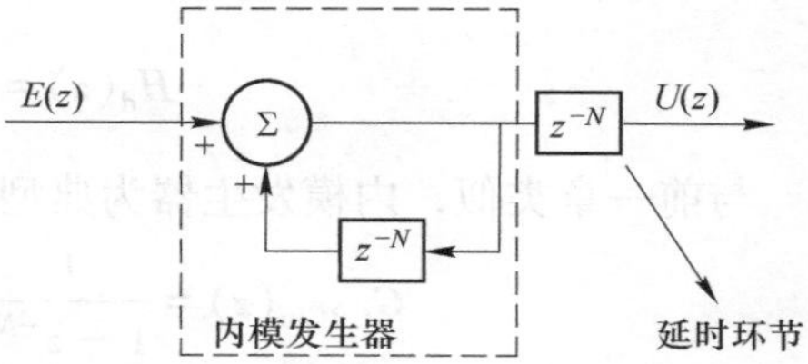

图3.1 传统重复控制控制框图

$$G_{CRC}(z)=\frac{z^{-N}}{1-z^{-N}} \tag{3-3}$$

图3.2显示了内模的误差累积功能。可见只要误差存在，内模就会不断对其进行累积，直至调整至零为止。由此图也可以看出，内模天然地存在一个周期的控制延时，对动态性能不利。

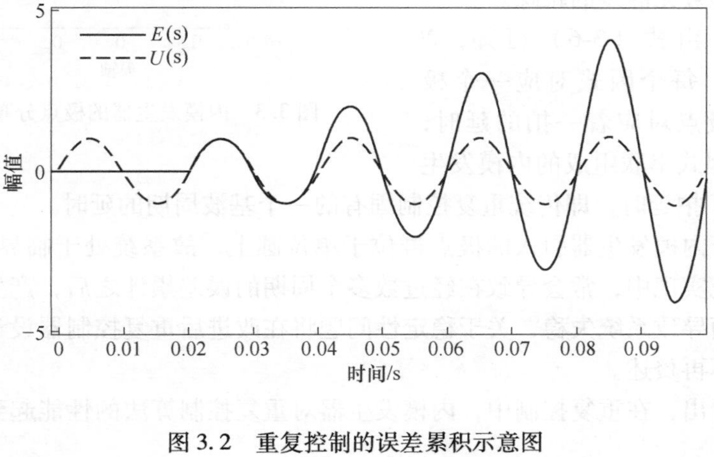

图3.2 重复控制的误差累积示意图

3.2.2　内模发生器对重复控制性能的影响

式（3-3）中的重复控制传递函数可以分解为以下形式：

$$G_{\mathrm{CRC}} = \frac{z^{-N}}{1-z^{-N}} = \underbrace{\frac{1}{1-z^{-N}}}_{H_{\mathrm{r}}(z)} \times \underbrace{z^{-N}}_{H_{\mathrm{d}}(z)} \tag{3-4}$$

其中 $H_{\mathrm{r}}(z)$ 为内模发生器，$H_{\mathrm{d}}(z)$ 为延时环节，延时环节使得前一个周期的控制量延时到本周期对应时刻输出，一般与内模发生器中的延时环节对应，故延时环节一般为：

$$H_{\mathrm{d}}(z) = 1 - \frac{1}{H_{\mathrm{r}}(z)} \tag{3-5}$$

与前一章类似，内模发生器为典型的谐振器，可分解为：

$$G_{\mathrm{CRCin}}(z) = \frac{1}{1-z^{-N}} = \prod_{k=0}^{N-1} \frac{1}{(1-\mathrm{e}^{j\frac{2\pi k}{N}}z^{-1})} \tag{3-6}$$

对应的内模传递函数零极点图和波特图如图 3.3 和图 3.4 所示。

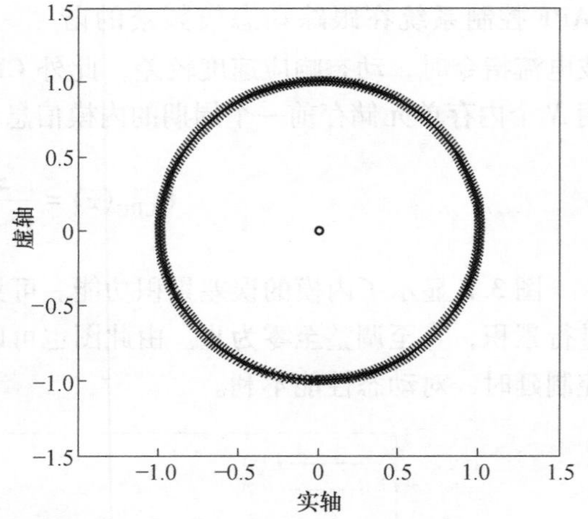

图 3.3　内模发生器的极点分布图

可以看到，内模发生器引入了 N 个极点，均匀的分布在单位圆上，图 3.3 中每个 z 域上的极点对应图 3.4 中一个频域上的谐振点，引入的极点保证了基波和各次谐波在通过内模发生器后，能够产生无限大的谐振峰，从而保证基波和各次谐波能够被无静差的跟踪。

同时，由式（3-6）可知，N 个因式中，每个因式对应一个极点，每个极点对应着一拍的延时，从而 N 个因式串联组成的内模发生器将带个 N 拍延时，即传统重复控制固有的一个基波周期的延时。

而由于内模发生器引入的极点群位于单位圆上，故系统处于临界稳定状态，在数字系统实现中，常会导致在经过数多个周期的误差累计之后，产生误差累计效应，从而导致系统失稳，关于稳定性问题将在改进后重复控制器设计中集中论述，这里不再赘述。

可以看出，在重复控制中，内模发生器对重复控制算法的性能起到至关重要的作用：

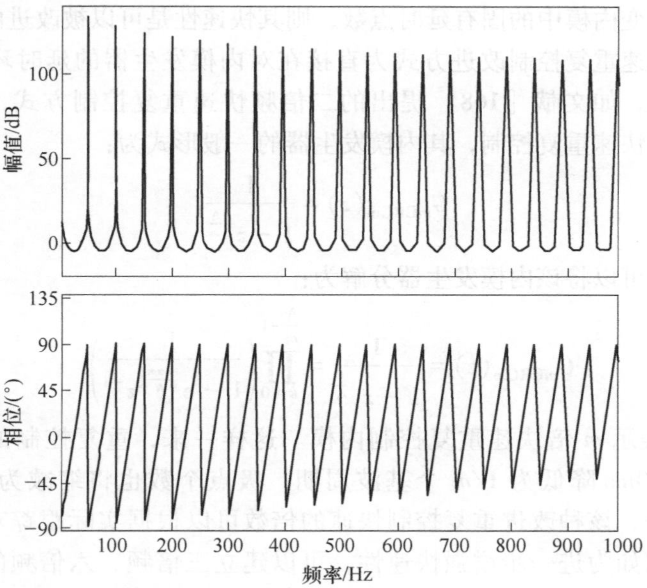

图 3.4 内模发生器的波特图

(1) 内模发生器引入的一系列零点，决定需要跟踪的谐波成分。在传统的重复控制中，重复控制器引入了 N 个均匀分布于单位圆的极点，从而使重复控制具有了跟踪所有的基波分量和谐波分量的能力。然而，在实际工程应用中，信号包含的谐波成分不会是所有次的谐波，而是一系列特征次谐波，因此，一些极点是多余的。总之，传统的重复控制引入的多余极点在很多工程应用中是没必要，且根据之前的分析，多余的极点会带来更长的计算延时，使得重复控制的性能变差。

(2) 由式 (3-6) 可知，内模发生器由 N 个谐振器串联而成，从而引入 N 个极点，每个谐振器意味着计算过程中需要一个数字储存空间，则多余的极点会带来多余的储存空间的占用，对重复控制算法的数字实现来说也是不利的。

3.3 重复控制的改进

由以上分析可知，由于内模发生器存在多余的极点，从而影响重复控制的动态性能和增加了数字控制系统的储存空间的占用。因此根据实际工程需要，可以对重复控制内模发生器做相应的改进，在满足工作应用需求的前提下，最大限度地提高重复控制的性能。

3.3.1 快速重复控制内模发生器

由以上分析可知，传统重复控制存在至少 N 拍的控制延时，若能根据应用场合的特点，改变内模中的固有延时点数，则其快速性是可以被改进的。

一般的快速重复控制改进方式为直接在对内模发生器的延时环节进行 m 倍快速重复改进，如文献［168］提出的二倍频快速重复控制方式，文献［169］提出的六倍频快速重复控制，其内模发生器的一般形式为：

$$G_{m\mathrm{CRCin}}(z) = \frac{1}{1 - z^{-\frac{N}{m}}} \tag{3-7}$$

类似的，可以将该内模发生器分解为：

$$G_{m\mathrm{CRCin}}(z) = \frac{1}{1 - z^{-\frac{N}{m}}} = \prod_{k=0}^{\frac{N}{m}-1}\left(\frac{1}{1 - \mathrm{e}^{j\frac{2\pi m}{N}k}z^{-1}}\right) \tag{3-8}$$

下标 m 表示 m 倍快速重复控制内模。这样一来，重复控制的固有延时将由一个周期 20ms 降低为 $1/m$ 个基波周期，极点个数也将缩减为原来的 $1/m$。值得一提的是，该种改进重复控制快速的倍数可以根据实际跟踪对象的需要来进行设置，比如为进一步增强快速性，可以建立三倍频、六倍频的快速重复内模发生器，相应的内模形式变为 $1/(1 - z^{-N/3})$ 和 $1/(1 - z^{-N/6})$，固有延时可进一步降低为 $T_0/3$ 和 $T_0/6$。图 3.5 和图 3.6 分别是不同控制频率的快速内模的波特图和动态曲线，G_{s1} 为传统内模特性，G_{s2}、G_{s3} 和 G_{s6} 分别为二倍频、三倍频和六倍频。

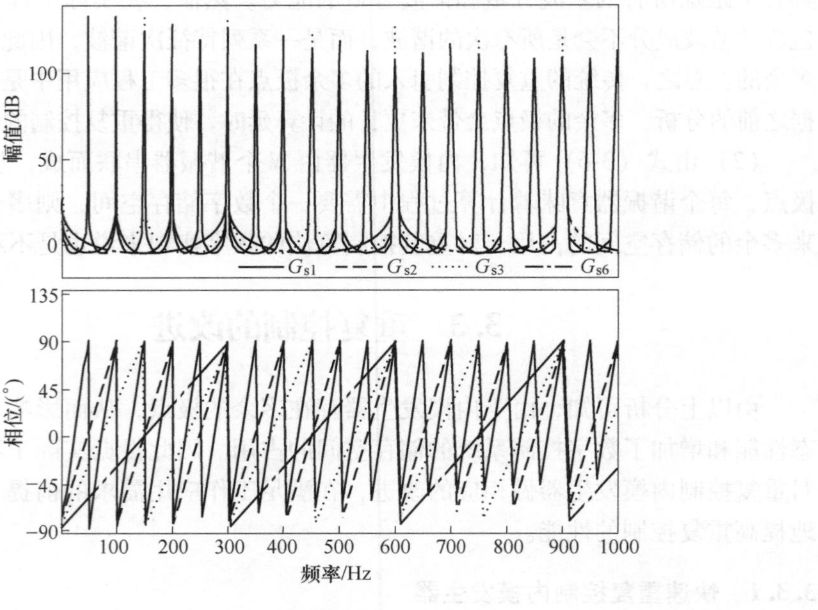

图 3.5 不同控制频率内模的波特图

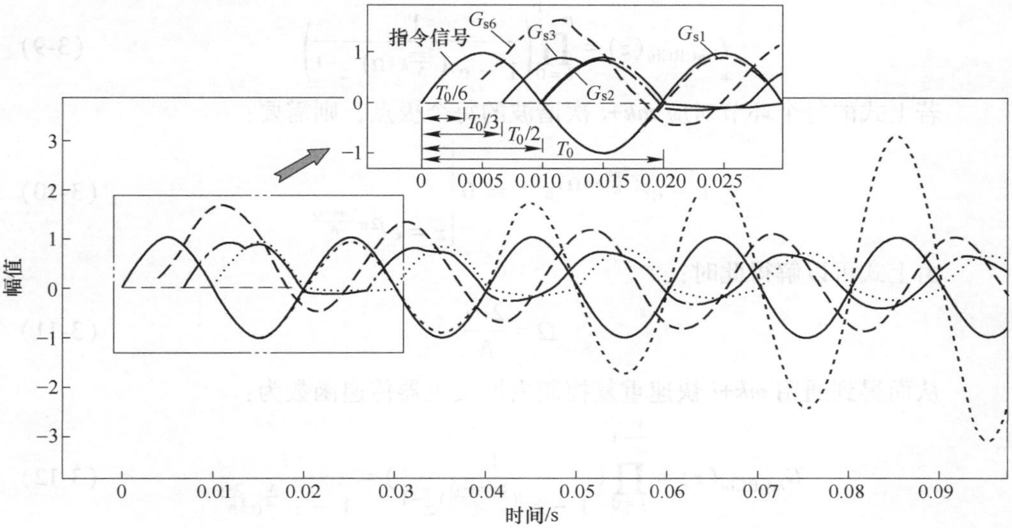

图 3.6 不同控制频率内模的动态特性示意图

可以看出，m 倍重复控制虽然能将重复控制的相应速度提高 m 倍，但其跟踪的谐波次数仅为 mk（$k=1, 2, 3, \cdots$）次谐波，图 3.6 中，指令为基波的情况下，2、3、6 倍频快速重复控制虽然能够提高动态响应速度，但已经无法准确跟踪此时的基波指令了，此时跟踪出现了幅值和相位的误差。

在实际的 SAPF 应用中，SAPF 在补偿谐波的同时，还需要补偿基波无功，基波负序等电流。此时，若根据谐波简单将重复控制改进为 m 倍重复控制，系统将无法跟踪参考信号中的基波无功分量，故为使重复控制能更灵活的跟踪指定次谐波群信号，需对快速重复控制再进行一系列改进。

3.3.2 通用的 $mk+i$ 快速重复控制内模

由于 m 倍频快速重复控制只能跟踪 mk 次谐波，导致实际应用中，基波或其他非 m 整数倍的谐波无法被跟踪，或实际谐波群非 m 整数倍时，只能选择更小的 m 以满足谐波跟踪的要求（如 2 倍频重复控制），性能无法做到最优化，因此 m 倍频快速重复控制对重复控制的优化具有很大的局限性。

一般的，谐波群具有 $mk+i$ 的等差特性，如三相系统中常见的 $6k+1$ 和 $6k+5$ 次谐波，故下文将针对 $mk+i$ 的谐波群进行重复控制的优化。

为跟踪 $mk+i$ 次谐波群，需将单位圆上的极点进行旋转，考虑在原内模发生器传递函数中加入旋转因子 $e^{j\Omega}$，用带旋转因子的 $e^{j\Omega}z^{-1}$ 代替原来的 z^{-1} 代入式 (3-6)，可得：

$$G_{m\text{CRCin}}(z)=\prod_{k=0}^{\frac{N}{m}-1}\left(\frac{1}{1-\mathrm{e}^{j\left(\frac{2\pi m}{N}k+\Omega\right)}\ z^{-1}}\right) \tag{3-9}$$

若上式的每个环节对应 $mk+i$ 次谐波的每个极点，则需要：

$$1-\mathrm{e}^{j\left(\frac{2\pi m}{N}k+\Omega\right)}z^{-1}\equiv 0\Bigg|_{z=\mathrm{e}^{j2\pi\frac{(mk+i)}{N}}} \tag{3-10}$$

由上式可以解得此时：

$$\Omega=\frac{2\pi i}{N} \tag{3-11}$$

从而得到通用 $mk+i$ 快速重复控制内模发生器传递函数为：

$$G_{m\text{CRCin}}(z)=\prod_{l=0}^{\frac{N}{m}-1}\left(\frac{1}{1-\mathrm{e}^{j\left(\frac{2\pi(ml+i)}{N}\right)}z^{-1}}\right)=\frac{1}{1-z^{-\frac{N}{m}}\mathrm{e}^{j\frac{2\pi i}{m}}} \tag{3-12}$$

可以知道，此时 $mk+i$ 快速重复控制内模发生器与 m 倍频快速重复的谐振环节串联个数并没有发生改变，则极点总数未发生改变，从而快速重复控制的延时和数字实现时所需的储存空间也并未发生改变。

因此 $mk+i$ 快速重复控制内模发生器继承了 m 倍频快速重复延时短，所需存储空间少的优点，同时可根据实际工程中需要跟踪的谐波群灵活的选取要跟踪的谐波群。

以实际三相系统中常见的 $6k+1$ 次谐波，若要跟踪该谐波，则选取 $6k+1$ 快速重复控制内模形式为：

$$G_{m\text{CRCin}}(z)=\frac{1}{1-z^{-\frac{N}{6}}\mathrm{e}^{j\frac{2\pi}{6}}} \tag{3-13}$$

该内模与 6 倍频的快速重复控制器的极点对比如图 3. 7 所示。

可以看到 6 倍频快速重复控制旋转 $\mathrm{e}^{j\frac{2\pi}{6}}$ 后得到的快速重复控制内模引入的极点落在了所期望的 $6k+1$ 倍基波频率处。二者的波特图关系如图 3. 8 所示。

可以看到，该内模可以在 $6k+1$ 倍基波频率处产生无限高的增益，从而能够对 $6k+1$ 次谐波进行无静差的跟踪。

上述的 $mk+i$ 快速重复控制为一通用形式，若所需跟踪的谐波群个数超过一个，则可将各个谐波群的内模串联，此时内模发生器的形式为：

$$H_{\text{gr}}(z)=\left(\frac{1}{1-z^{-\frac{N}{m_1}}\mathrm{e}^{j\frac{2\pi i_1}{m_1}}}\right)\left(\frac{1}{1-z^{-\frac{N}{m_2}}\mathrm{e}^{j\frac{2\pi i_2}{m_2}}}\right)\cdots\left(\frac{1}{1-z^{-\frac{N}{m_y}}\mathrm{e}^{j\frac{2\pi i_y}{m_y}}}\right) \tag{3-14}$$

可知，上述内模发生器能对包含的每个谐波进行谐振从而产生无限增益，因此每个谐波群的谐波都能被该内模发生器准确跟踪。

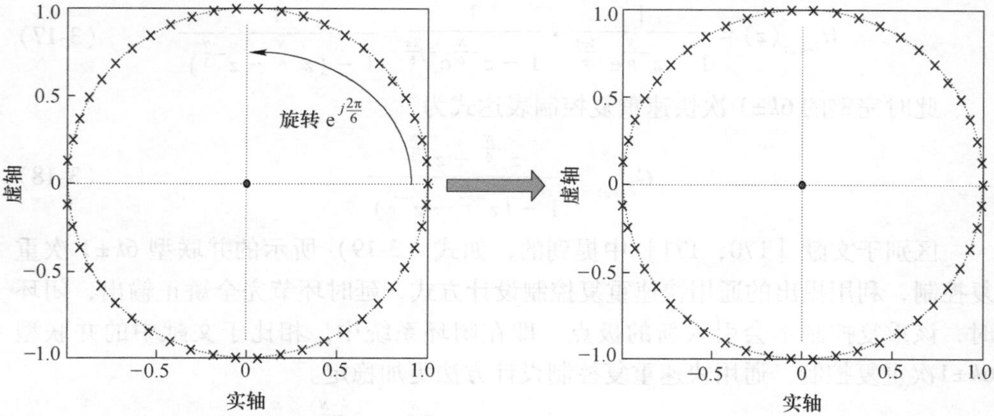

图 3.7 6 倍频快速重复控制内模旋转极点所得的 6k+1 快速重复控制内模

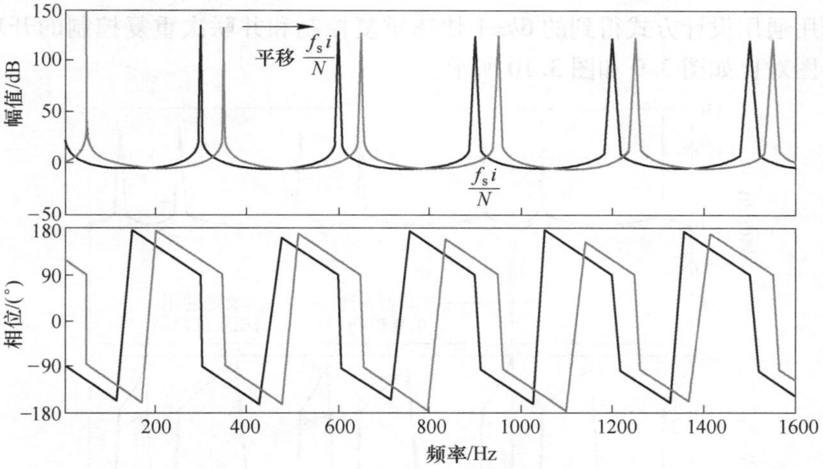

图 3.8 6 倍频快速重复控制内模波特图平移得到的 6k+1 快速重复控制内模

3.3.3 通用的快速重复控制

通过上文的内模串联形式可以得到通过的内模发生器表达式，则由式（3-5）可知此时延时环节为：

$$H_{gd}(z) = 1 - \frac{1}{H_{gr}(z)} \tag{3-15}$$

故完整的通用快速重复控制表达式为：

$$G_{gRC} = H_{gr}(z) - 1 \tag{3-16}$$

针对三相系统常见的 6k±1 次谐波，利用上文叙述通用快速重复控制设计方法可知，此时内模发生器为 6k+1 和 6k−1 两个内模发生器串联而成，即此时内模发生器为：

$$H_{r_{6k\pm1}}(z) = \frac{1}{1 - z^{-\frac{N}{6}}e^{j\frac{2\pi 1}{6}}} \cdot \frac{1}{1 - z^{-\frac{N}{6}}e^{-j\frac{2\pi}{6}}} = \frac{1}{1 - (z^{-\frac{N}{6}} - z^{-\frac{N}{3}})} \tag{3-17}$$

此时完整的 6k±1 次快速重复控制表达式为

$$G_{g_{6k\pm1}} = \frac{z^{-\frac{N}{6}} - z^{-\frac{N}{3}}}{1 - (z^{-\frac{N}{6}} - z^{-\frac{N}{3}})} \tag{3-18}$$

区别于文献［170，171］中提到的，如式（3-19）所示的并联型 6k±1 次重复控制，利用提出的通用快速重复控制设计方式，延时环节完全矫正输出，闭环时，该重复控制不会引入新的极点，即在闭环系统中，相比于文献中的并联型 6k±1次重复控制，通用快速重复控制设计方法更加稳定。

$$G_{P_{6k\pm1}} = H_{gr}(z) - 1 = \frac{z^{-\frac{N}{6}} - 2z^{-\frac{N}{3}}}{1 - (z^{-\frac{N}{6}} - z^{-\frac{N}{3}})} \tag{3-19}$$

利用通用设计方式得到的 6k±1 快速重复控制和并联次重复控制的开环和闭环波特图对比如图 3.9 和图 3.10 所示。

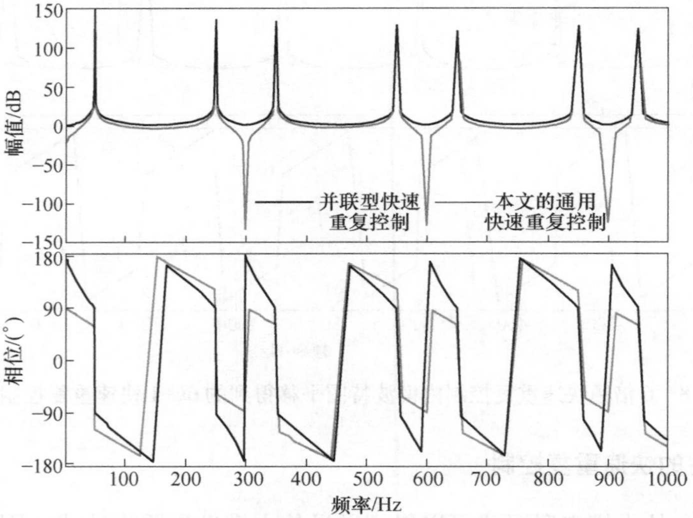

图 3.9　快速重复控制和并联型快速重复控制开环波特图对比

可以看到开环时二者都能在基波和 6k±1 次谐波频率处产生一个无限增益的谐振峰，从而保证能够无静差的跟踪想要的基波和谐波。但在闭环时，并联型 6k±1 快速重复控制将在 3k 次谐波频率处产生一个谐振峰，即意味着，闭环时，一旦有 3k 次频率的干扰，系统将会极大的放大该干扰，从而导致系统失稳。

图 3.11～图 3.13 分别是通用快速重复控制，传统重复控制，与并联型 6k±1 快速重复控制在跟踪基波信号的动态响应曲线。

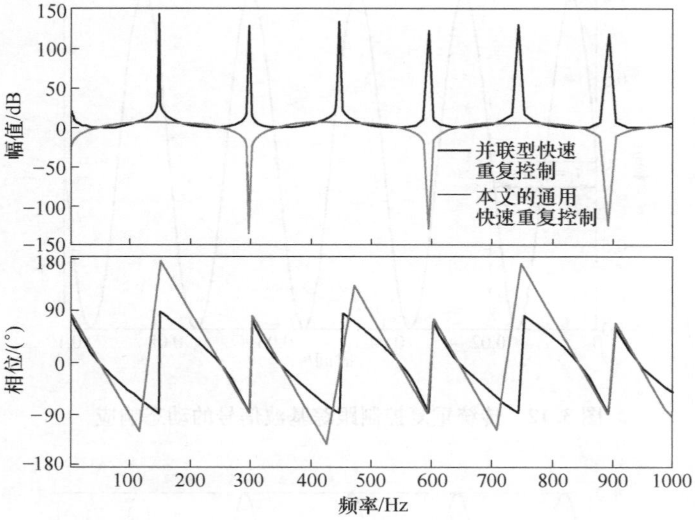

图 3.10 通用快速重复控制和并联型快速重复控制闭环波特图对比

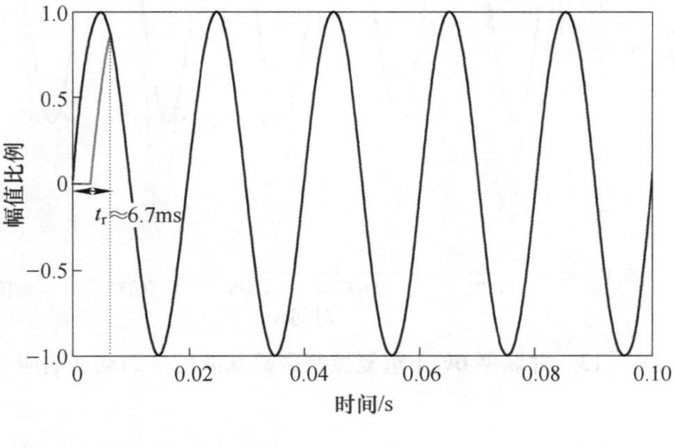

图 3.11 通用快速重复控制跟踪基波信号的动态响应

可以看到，通用快速重复控制与传统重复控制一样，能够完美地跟踪基波信号，克服了 m 倍频快速重复控制无法跟踪基波信号的缺陷，同时，其动态响应时间仅为 6.7ms，为传统重复控制的 1/3。而并联型 $6k\pm1$ 快速重复控制虽然能够跟踪基波信号，也拥有 1/3 周期的低延时动态效果，但在输入无任何 $3k$ 次谐波的情况下，输出已经被 $3k$ 次谐波严重污染，在 SAPF 的闭环控制系统中已不再适用。

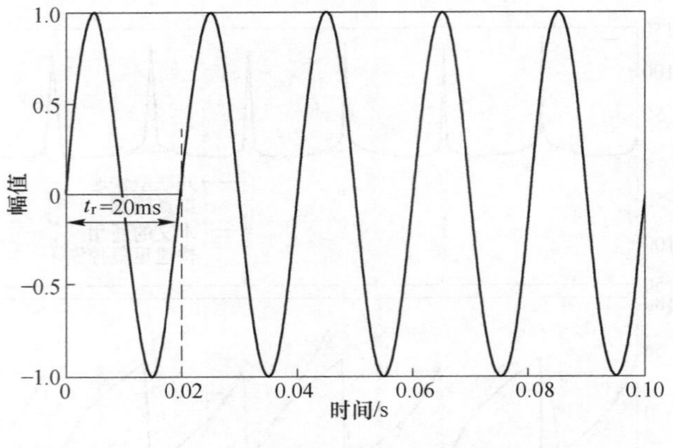

图 3.12　传统重复控制跟踪基波信号的动态响应

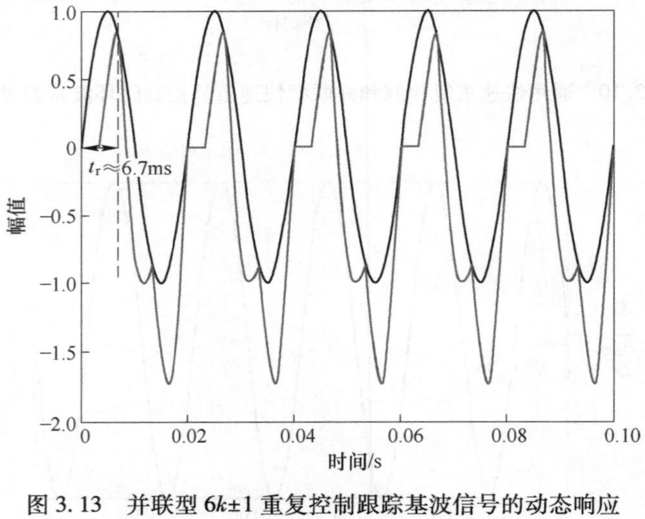

图 3.13　并联型 $6k\pm1$ 重复控制跟踪基波信号的动态响应

3.4　通用快速重复控制性能分析

3.4.1　通用快速重复控制的改进

通用快速重复控制与传统重复控制一样，由于极点在单位圆上，处于临界稳定的状态，需要进行改进，同时不同的控制对象对重复控制器的稳定性也会带来不同程度影响，重复控制需要引入补偿环节，以达到稳定跟踪指令信号的目的。

三相系统中常见的 $6k+1$（$k=0$，±1，±2，…）次谐波，其中 k 为负表示谐波为负序，则针对 6k+1 次谐波，内模发生器的形式如式（3-13）所示，则通用快速重复控制传递函数为：

$$G_{g_{6k+1}} = \frac{e^{j\frac{\pi}{3}}z^{-\frac{N}{6}}}{1 - e^{j\frac{\pi}{3}}z^{-\frac{N}{6}}} \tag{3-20}$$

本节通过以三相系统中常见的 6k+1（$k=0$，±1，±2，…）次谐波为例，分析了通用快速重复控制的稳定条件和整体控制环的设计，最后针对三相系统常见的 6k+1 次谐波设计了通用快速重复控制器。

图 3.14 为 6k+1 次通用快速重复控制的控制框图，图中 $Y^*(z)$ 为输入指令，$Y(z)$ 为输出信号，$G_{RC}(z)$ 为提出的通用重复控制，$G(z)$ 为控制对象，$D(z)$ 为扰动信号。

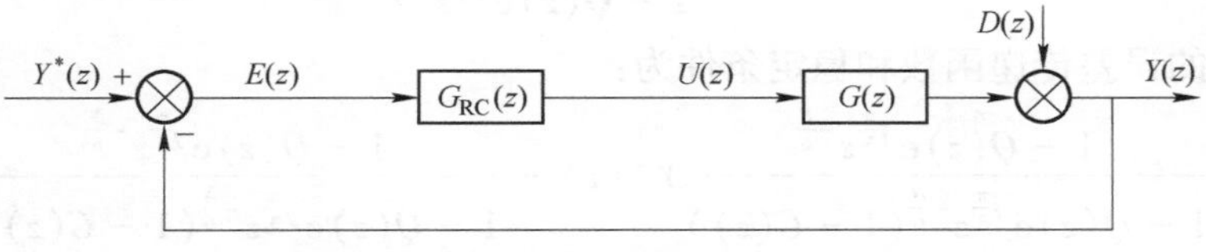

图 3.14　通用快速重复控制的控制框图

则误差传递函数为：

$$E(z) = \frac{1}{1 + G_{RC}(z)G(z)}Y^*(z) - \frac{1}{1 + G_{RC}(z)G(z)}D(z) \tag{3-21}$$

则系统稳定的条件为：$1 + G_{RC}(z)G(z)$ 没有位于单元圆以外的根。

对于 6k+1 次快速重复控制来说，误差传递函数为：

$$E(z) = \frac{1 - e^{j\frac{\pi}{3}}z^{-\frac{N}{6}}}{1 - e^{j\frac{\pi}{3}}z^{-\frac{N}{6}}(1 - G(z))}Y^*(z) - \frac{1 - e^{j\frac{\pi}{3}}z^{-\frac{N}{6}}}{1 - e^{j\frac{\pi}{3}}z^{-\frac{N}{6}}(1 - G(z))}D(z) \tag{3-22}$$

因此，此时系统的特征方程为：

$$1 - e^{j\frac{\pi}{3}}z^{-\frac{N}{6}}(1 - G(z)) = 0 \tag{3-23}$$

则系统的稳定条件为：

$$\left|e^{-j\frac{\pi}{3}}z^{-\frac{N}{6}}\right| = \left|1 - G(z)\right| < 1 \tag{3-24}$$

对应的频域表达式为：

$$\left|1 - G(e^{j\omega T_s})\right| < 1,\ 0 < \omega < \omega_n \tag{3-25}$$

式（3-25）中，$\omega_n = \pi/T_s$ 为采样定理决定的奈奎斯特频率。定义 $H(e^{j\omega T_s}) = 1 - G(e^{j\omega T_s})$，故可用矢量图（图 3.15）来表示二者的关系。

实际中的控制对象若不加任何改进，采用原始的重复控制很难保证在整个频域内稳定，因为控制系统存在 N 个位于单位圆上的开环极点，使得系统处于临界振荡状态。故需要对控制系统进行改进，思路有两个：（1）对内模进行改进；（2）对控制对象进行补偿。下面进行具体分析。

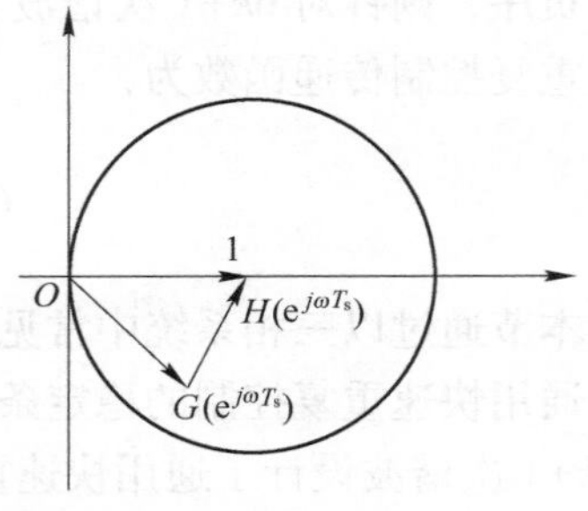

图 3.15　误差特征方程的矢量描述

3.4.1.1　内模发生器的改进

对内模发生器改进采用在内模中引入参数 $Q(z)$ 以减弱内模的积分作用，以使得系统的极点位于单位圆内。

引入参数 $Q(z)$ 后，$6k+1$ 次快速重复的传递函数为：

$$G_{g_{6k+1}} = \frac{Q(z)\mathrm{e}^{j\frac{\pi}{3}}z^{-\frac{N}{6}}}{1-Q(z)\mathrm{e}^{j\frac{\pi}{3}}z^{-\frac{N}{6}}} \tag{3-26}$$

对应的误差传递函数和稳定条件为：

$$E(z) = \frac{1-Q(z)\mathrm{e}^{j\frac{\pi}{3}}z^{-\frac{N}{6}}}{1-Q(z)\mathrm{e}^{j\frac{\pi}{3}}z^{-\frac{N}{6}}(1-G(z))}Y^*(z) - \frac{1-Q(z)\mathrm{e}^{j\frac{\pi}{3}}z^{-\frac{N}{6}}}{1-Q(z)\mathrm{e}^{j\frac{\pi}{3}}z^{-\frac{N}{6}}(1-G(z))}D(z) \tag{3-27}$$

$$\left|\mathrm{e}^{j\frac{\pi}{3}}z^{\frac{N}{6}}\right| = \left|Q(z)(1-G(z))\right| < 1 \tag{3-28}$$

可以看出 $Q(z)$ 应选取为增益小于 1 环节，从而可以扩大系统的稳定范围，但也会因此衰减内模发生器的积分效应，从而导致系统引入一定的稳定误差。因此 $Q(z)$ 应折中选取为控制频率范围内增益小于1，但接近 1 的环节。

一般 $Q(z)$ 可选取小于1 的常数或低通滤波器，无论 $Q(z)$ 取小于1 的常数还是低通滤波器，其作用都是为了削弱积分作用，扩大系统的稳定范围，改善系统稳定性，不同的是当 $Q(z)$ 采用 LPF 时，输入信号幅值会随着信号频率的增高而得到更好的衰减。$Q(z)$ 的引入将带来一定的稳态误差，但由于 $Q(z)$ 的增益会取接近于 1，还是能够保证较高的稳态精度。

3.4.1.2　对控制对象的改进

由图 3.14 可知，$G(\mathrm{e}^{j\omega T_s})$ 与实轴的夹角不能太大，否则 $H(\mathrm{e}^{j\omega T_s})$ 很容易超出单位圆外。考虑极端情况，若 $G(\mathrm{e}^{j\omega T_s})$ 的相位为±90°，则只要 $G(\mathrm{e}^{j\omega T_s})$ 的幅值不为零，系统就会呈现不稳定。实际情况中控制对象 $G(z)$ 在相角为±90°时的幅值通常不会为零，故会导致误差发散，可见系统的稳定条件对被控对象 $G(z)$ 的依赖性较强，需要对其进行一定补偿以满足系统稳定性的要求。引入补偿器 $C(z)$ 之后的控制框图如图 3.16 所示。

补偿环节包含以下几个部分，其作用分别是：

（1）重复控制增益 K_r。K_r 越小，系统稳定裕度越大，但会导致误差收敛速度变慢。其取值通常为小于 1 的正常数。

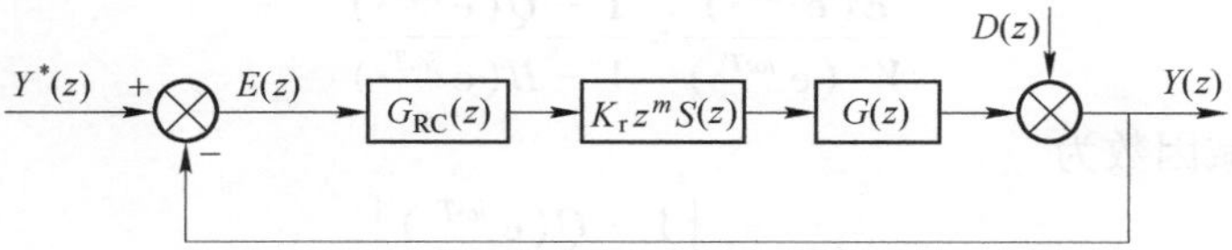

图 3.16 改进之后的控制框图

(2) 超前环节 z^m。超前环节用于补偿系统被控对象 $G(z)$ 和辅助补偿器 $S(z)$ 带来的相位滞后，尽可能保证控制器通带频率范围内的相移接近于零。

(3) 低通滤波器 $S(z)$。$S(z)$ 的作用主要是调节被控对象 $G(z)$ 的中低频开环增益尽可能为 1，同时保证对高频分量进行迅速衰减。$S(z)$ 通常被设计为一个二阶低通滤波器。

此时误差传递函数和系统稳定条件变为

$$E(z)=\frac{1-Q(z)\mathrm{e}^{j\frac{\pi}{3}}z^{-\frac{N}{6}}}{1-Q(z)\mathrm{e}^{j\frac{\pi}{3}}z^{-\frac{N}{6}}(1-K_r z^m S(z)G(z))}Y^*(z)-\frac{1-Q(z)\mathrm{e}^{j\frac{\pi}{3}}z^{-\frac{N}{6}}}{1-Q(z)\mathrm{e}^{j\frac{\pi}{3}}z^{-\frac{N}{6}}(1-K_r z^m S(z)G(z))}D(z) \quad (3\text{-}29)$$

$$\left|\mathrm{e}^{-j\frac{\pi}{3}}z^{\frac{N}{6}}\right|=\left|Q(z)(1-K_r z^m S(z)G(z))\right|<1 \quad (3\text{-}30)$$

改进后特征方程的矢量描述如图 3.17 所示。其中，$H(z)=Q(z)(1-K_r z^m S(z)G(z))$，对应的频域表达式为 $H(\mathrm{e}^{j\omega T_s})=Q(\mathrm{e}^{j\omega T_s})(1-K_r z^m S(\mathrm{e}^{j\omega T_s})G(\mathrm{e}^{j\omega T_s}))$。虚线圆表示改进前的半径为 1 的单位圆，在图示情况下系统不稳定。实线圆为改进后的半径为 $1/Q$ 的圆，矢量轨迹仍在该圆之内，系统稳定性得到了提高。

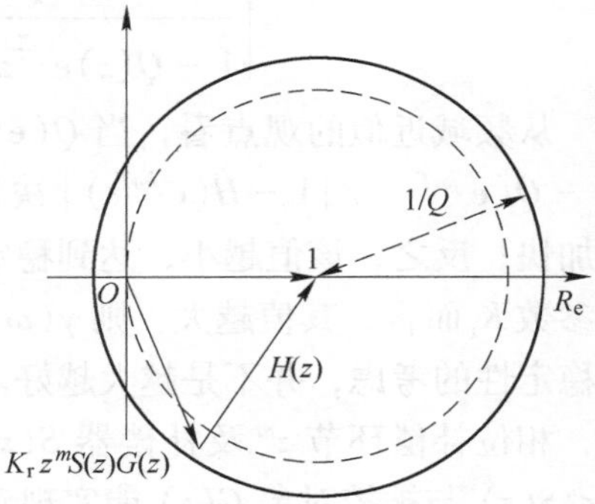

图 3.17 改进后特征方程的矢量描述

3.4.2 误差收敛分析

由式（3-29）可知，当对通用快速重复控制改进后，误差信号 $E(z)$ 对指令信号 $Y^*(z)$ 的传递函数为：

$$\frac{E(z)}{Y^*(z)}=\frac{1-Q(z)\mathrm{e}^{j\frac{\pi}{3}}z^{-\frac{N}{6}}}{1-Q(z)\mathrm{e}^{j\frac{\pi}{3}}z^{-\frac{N}{6}}(1-K_r z^m S(z)G(z))} \quad (3\text{-}31)$$

此时跟踪的谐波群为 6k+1 次谐波，故此时控制的频率 $\omega=(6k+1)\omega_0$，将 $z=\mathrm{e}^{j\omega T_s}$ 代入上式可得

$$\frac{E(\mathrm{e}^{j\omega T_s})}{Y^*(\mathrm{e}^{j\omega T_s})}=\frac{1-Q(\mathrm{e}^{j\omega T_s})}{1-H(\mathrm{e}^{j\omega T_s})} \tag{3-32}$$

定义衰减因数为

$$\gamma(\omega)=\left|\frac{1-Q(\mathrm{e}^{j\omega T_s})}{1-H(\mathrm{e}^{j\omega T_s})}\right| \tag{3-33}$$

则有:

$$|E(\mathrm{e}^{j\omega T_s})|=|\gamma(\omega)Y^*(\mathrm{e}^{j\omega T_s})|=\left|\frac{1-Q(\mathrm{e}^{j\omega T_s})}{1-H(\mathrm{e}^{j\omega T_s})}\right||Y^*(\mathrm{e}^{j\omega T_s})| \tag{3-34}$$

可见，此时误差信号不为零，而是变为指令信号的 $|1-Q(\mathrm{e}^{j\omega T_s})|/|1-H(\mathrm{e}^{j\omega T_s})|$倍。也即 $Q(\mathrm{e}^{j\omega T_s})$ 越趋向于1或 $H(\mathrm{e}^{j\omega T_s})$ 越趋向于0，则引起的误差越小。此时系统稳定判据为

$$|1-H(\mathrm{e}^{j\omega T_s})|=|1-Q(\mathrm{e}^{j\omega T_s})(1-K_r z^m S(\mathrm{e}^{j\omega T_s})G(\mathrm{e}^{j\omega T_s}))|>|1-Q(\mathrm{e}^{j\omega T_s})| \tag{3-35}$$

同理，对扰动信号 $D(\mathrm{e}^{j\omega T_s})$ 的分析也可参考如上所述，此处不再赘述。

系统误差的频域表达式为

$$|E(z)|\leqslant\left|\frac{1-Q(z)\mathrm{e}^{j\frac{\pi}{3}}z^{-\frac{N}{6}}}{1-Q(z)\mathrm{e}^{j\frac{\pi}{3}}z^{-\frac{N}{6}}(1-K_r z^m S(z)G(z))}\right||Y^*(z)|+\left|\frac{1-Q(z)\mathrm{e}^{j\frac{\pi}{3}}z^{-\frac{N}{6}}}{1-Q(z)\mathrm{e}^{j\frac{\pi}{3}}z^{-\frac{N}{6}}(1-K_r z^m S(z)G(z))}\right||D(z)| \tag{3-36}$$

从频域近似的观点看，当 $Q(\mathrm{e}^{j\omega T_s})\neq 1$ 时，系统误差收敛速度由衰减因数 $|1-Q(\mathrm{e}^{j\omega T_s})|/|1-H(\mathrm{e}^{j\omega T_s})|$ 决定，该值越大则衰减的力度越大，导致收敛速度加快；反之，该值越小，达到稳定的收敛次数也就越多，收敛速度越慢。故对于参数 K_r 而言，其值越大，则 $\gamma(\omega)$ 越大，误差衰减越快；但 K_r 的取值要兼顾系统稳定性的考虑，并不是越大越好。同理，使既要误差衰减快，又要系统稳定性好，相位补偿环节 z^m 及补偿器 $S(z)$ 的合理设计也非常重要。理想情况下，若 $K_r z^m S(z)$ 与被控对象 $G(z)$ 能实现对消，则 $\gamma(\omega)$ 趋近于无穷大，理论上只需要一个周期就能达到稳定状态。

对于对动态性能要求很高的系统而言，过长控制延迟将会带来误差收敛速度变慢，增大动态响应期间的误差的不利影响。这将会减少通用快速重复控制的优势，因此，将通用快速重复控制和 PI 控制结合起来，设计了双环重复控制系统。

3.5　双环重复控制系统设计

对于要求系统动态响应能力较高的应用，如果仅采用快速重复控制，系统动

态响应一般不能满足要求。为了增加系统的动态响应，PI+重复控制的双环复合控制策略被广泛运用到各种系统中，图 3.18 是双环复合控制的控制框图。

双环复合控制策略结合了 PI 控制和重复控制的优势，动态过程中，突变后的第一个重复控制周期内，重复控制外环由于重复控制存在一个周期的延时而无法及时响应，此时系统主要依靠 PI 内环来调节，保证系统的动态性能；重复控制外环将在突变后第二个重复控制周期开始工作，发挥其高精度跟踪性能，保证系统的稳态精度。

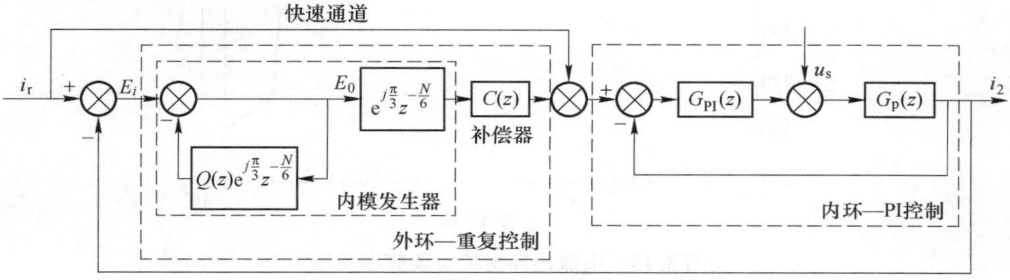

图 3.18 PI+通用快速重复控制的双环控制框图

3.5.1 控制对象建模

电流环的控制对象可以表述为 APF 网侧输出电流 i_2 到逆变侧输出电压 u 的传递函数，即 LCL 滤波器，若忽略输出滤波器电感的等效电阻，其频域表达式为：

$$G(s)=\frac{i_2}{u}=\frac{R_dC_fs+1}{L_1(L_2+L_s)C_fs^3+(L_1+L_2+L_s)R_dC_fs^2+(L_1+L_2+L_s)s} \tag{3-37}$$

为方便设计过程描述，列举 SAPF 系统中的 LCL 滤波器参数如下：$L_1=130\mu H$，$L_2=30\mu H$，$C_f=30\mu F$，$R_d=0.1\Omega$，电网电感 $L_s=30\mu H$。代入上式后可得控制对象分别在连续域、离散域及考虑数字控制滞后一拍后的频率特性如图 3.19所示，可见其幅频特性在 $f_r=3.92kHz$ 处有一谐振峰。

当采用双环控制时，快速重复控制的实际被控对象为带被控对象的内环 PI 传递函数，其表达式定义为 $G_p(s)$，如式（3-38）所示。

$$G_p(s)=G_{PI}(s)\cdot G(s)=\frac{K_p(\tau s+1)}{\tau s}\cdot\frac{R_dC_fs+1}{L_1(L_2+L_g)C_fs^3+(L_1+L_2+L_g)R_dC_fs^2+(L_1+L_2+L_g)s} \tag{3-38}$$

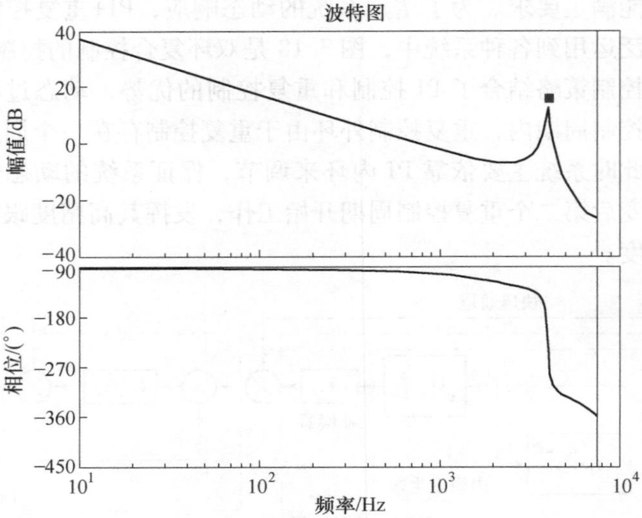

图 3.19　电流内环被控对象频率特性

式中，K_p为比例系数，τ 为积分时间常数。PI 控制器参数的设计一般采用零极点对消法[107]。最终选取截止频率为 600Hz（即 K_p系数为 1.0），τ 为 0.015 的 PI 控制器作为复合控制内环的调节器。

3.5.2　重复控制补偿环节设计

3.5.2.1　补偿器 $S(z)$ 设计

PI 内环的传递函数表达式为 $G_p(z)/(1+G_p(z))$，将引入 $S(z)$ 补偿后的系统传递函数定义为 $G_c(z)=S(z)G_p(z)/(1+G_p(z))$。以下对补偿器 $S(z)$ 进行设计。

根据前文的介绍，补偿器 $S(z)$ 通常被设计成二阶低通滤波器，表达式为

$$S(s)=\frac{\omega_0^2}{s^2+2\xi\omega_0 s+\omega_0^2} \tag{3-39}$$

设计 $S(z)$ 时既要考虑减小该二阶低通滤波器对中频段增益的影响，其截止频率应尽可能地高，又要兼顾对高频段的大幅度衰减，以增强系统稳定性。本系统选取截止频率 $f_n=1.55\text{kHz}$，即 $\omega_n=2\pi f_n=11310\text{rad/s}$，$\xi=0.65$。对应的离散域表达式为

$$S(z)=\frac{0.0690z^2+0.1380z+0.0690}{z^2-1.1714z+0.4474} \tag{3-40}$$

代入相关表达式后可得 $G_c(z)$ 的频率特性如图 3.20 所示。可见引入辅助补偿器 $S(z)$ 后系统的幅频特性得到了较大改善，高频段呈现了迅速衰减。但是其相位存在很大滞后，这时候需要相位超前环节完成的相位补偿任务。

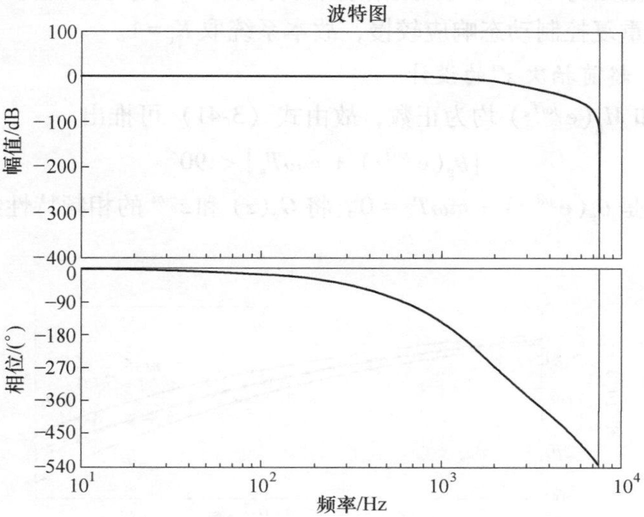

图 3.20 $G_c(z)$ 的频率特性

3.5.2.2 增益 K_r 的选取

把 z 用 $e^{j\omega T_s}$ 代入 $G_c(z)$ 可得

$$G_c(e^{j\omega T_s}) = M_g(e^{j\omega T_s})\exp(j\theta_g(e^{j\omega T_s})) \tag{3-41}$$

其中 $M_g(e^{j\omega T_s})$ 和 $\theta_g(e^{j\omega T_s})$ 分别为 $G_c(e^{j\omega T_s})$ 的幅频特性和相频特性。当 $Q(z)$ 取常数时，$Q(z)$ 相位为零，故 $Q(e^{j\omega T_s}) = M_q(e^{j\omega T_s})$。根据式（3-35）有

$$|M_q(e^{j\omega T_s})(1 - K_r M_g(e^{j\omega T_s})\exp(i(\theta_g(e^{j\omega T_s}) + m\omega T_s))| < 1 \tag{3-42}$$

两边取平方可得

$$1 - 2K_r M_g(e^{j\omega T_s})\cos(\theta_g(e^{j\omega T_s}) + m\omega T_s) + K_r^2 M_g^2(e^{j\omega T_s}) < \frac{1}{M_q^2(e^{j\omega T_s})} \tag{3-43}$$

整理可得

$$0 < K_r < \frac{1 - M_q^2(e^{j\omega T_s})}{K_r M_q^2(e^{j\omega T_s}) M_g^2(e^{j\omega T_s})} + \frac{2\cos(\theta_g(e^{j\omega T_s}) + m\omega T_s)}{M_g(e^{j\omega T_s})} \tag{3-44}$$

若 $Q(z) = 1$，即 $M_q(e^{j\omega T_s}) = 1$，则 K_r 满足

$$0 < K_r < \frac{2\cos(\theta_g(e^{j\omega T_s}) + m\omega T_s)}{M_g(e^{j\omega T_s})} \tag{3-45}$$

K_r的取值范围为$0<K_r\leqslant1$。根据前面的分析，K_r对系统误差收敛速度的影响很大，考虑到重复控制动态响应较慢，故本系统取$K_r=1$。

3.5.2.3　超前拍次z^m的设计

由于K_r和$M_g(e^{j\omega T_s})$均为正数，故由式（3-41）可推出

$$\left|\theta_g(e^{j\omega T_s})+m\omega T_s\right|<90° \tag{3-46}$$

理想情况是$\theta_g(e^{j\omega T_s})+m\omega T_s=0$。将$G_c(z)$和$z^{-m}$的相频特性绘制如图3.21所示。

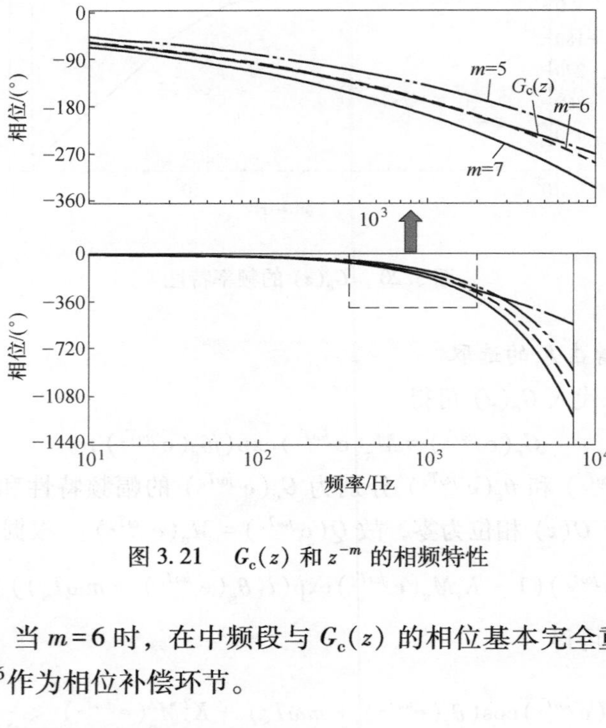

图3.21　$G_c(z)$和z^{-m}的相频特性

可以看到，当$m=6$时，在中频段与$G_c(z)$的相位基本完全重合，故此处选用$m=6$，即z^{-6}作为相位补偿环节。

3.5.3　加入补偿环节后双环控制器的性能

在上述补偿环节设计完成后，快速重复控制的控制对象的波特图如图3.22所示。

可以看到加入补偿环节后，补偿带宽可达1.8kHz，在补偿带宽内，控制对象能够实现零增益、零相移，虽然在补偿带宽外的高频段会存在相位误差，但此时幅值已经被严重衰减，所以不会影响系统的稳定性。

此时的特征方程奈奎斯特图如图3.23所示。

图3.23中奈奎斯特曲线在整个频率范围内都在单位圆内，故此时的双环控制器是稳定的。

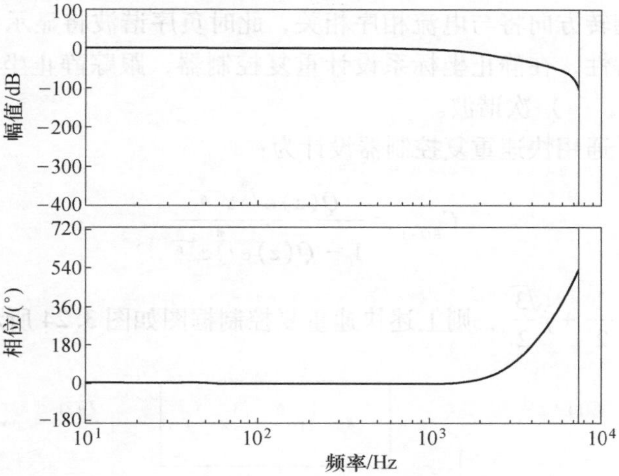

图 3.22 补偿后控制对象波特图

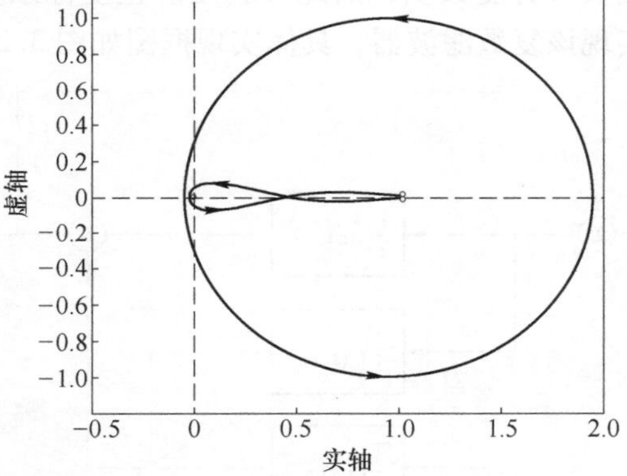

图 3.23 补偿后特征方程奈奎斯特图

3.6 不同负载条件下的 SAPF 控制系统设置

通用快速重复控制可根据应用灵活配置，本章将根据三相系统中平衡负载和非平衡负载的设计相应的快速重复控制器。

3.6.1 静止坐标系下 6k+1 快速重复控制

由前一章的分析可知，在负载电流三相平衡时，负载所含的谐波主要为6k+1

($k=0$, ±1, ±2, …) 次谐波，当此时三相谐波电流做 Clark 变换后，其谐波在静止坐标系的旋转方向将与电流相序相关，此时负序谐波将显示出负频率特性，因此可利用此特性，在静止坐标系设计重复控制器，跟踪静止坐标系中的 $6k+1$ ($k=0$, ±1, ±2, …) 次谐波。

此情况下，通用快速重复控制器设计为：

$$G_{g_{6k+1}} = \frac{Q(z)\mathrm{e}^{j\frac{\pi}{3}}z^{-\frac{N}{6}}}{1 - Q(z)\mathrm{e}^{j\frac{\pi}{3}}z^{-\frac{N}{6}}} \tag{3-47}$$

由于 $\mathrm{e}^{j\frac{\pi}{3}} = \frac{1}{2} + j\frac{\sqrt{3}}{2}$，则上述快速重复控制框图如图 3.24 所示。

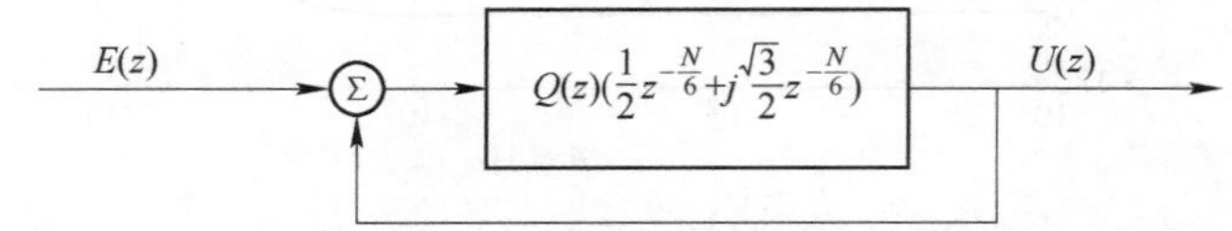

图 3.24　$6k+1$ 快速重复控制框图

由于此时传递函数含有复数项，因此可利用静止坐标系变换后 $\alpha\beta$ 轴自然的垂直关系交叉解耦实现该复数滤波器，具体实现框图如图 3.25 所示。

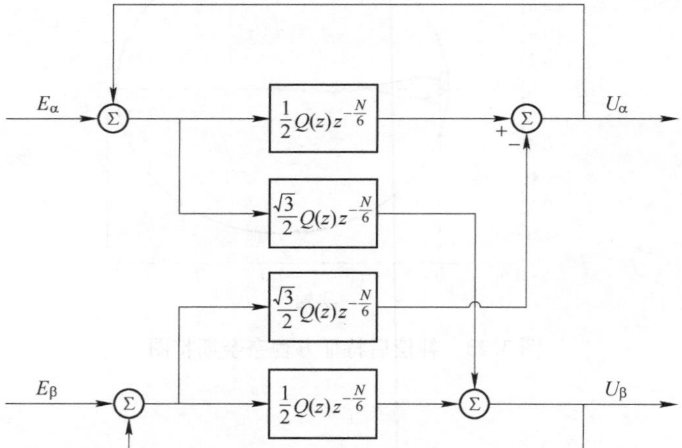

图 3.25　$6k+1$ 快速重复控制静止坐标系下交叉解耦实现方式

利用此通用快速重复控制设计的系统总体控制框图如图 3.26 所示。

图 3.26 中负载电流谐波经过 Clark 变换后，利用前一章所述的快速 SDFT 算法进行 $6k+1$ 次谐波的快速提取，与补偿电流 Clark 变换后的反馈值相减，并加入

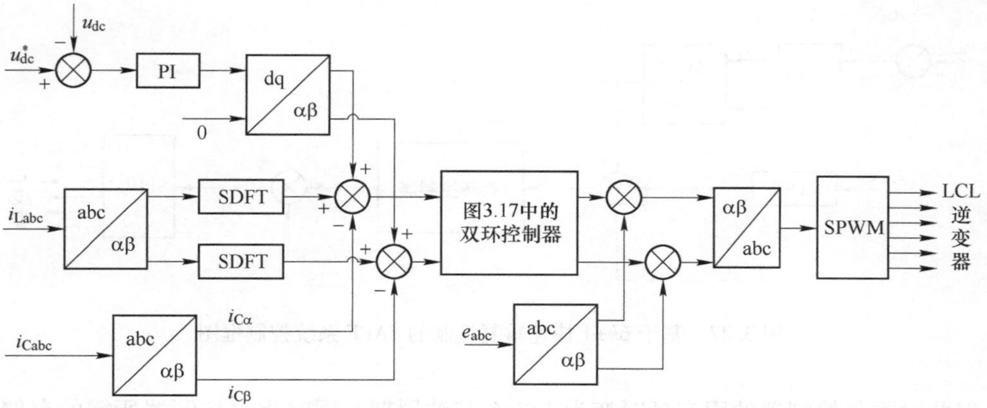

图 3.26 基于 $6k+1$ 快速重复控制的 SAPF 系统控制框图

直流侧电压控制所需的基波有功电流分量，形成指令误差值，送入前文所述的双环控制器中进行电流调节后，加入电网电压前馈以抑制电网电压引的干扰，最后通过反 Clark 变换形成三相调制波，利用 SPWM 调制形成开关信号，完成补偿谐波的输出。

3.6.2 分相控制的 $6k\pm1$ 快速重复控制

当负载电流处于三相不平衡时，此时每个谐波分量皆含有正、负序电流，若采用前一节所用的控制方式，则只能补偿负载电流三相的特征平衡分量，此时该控制方式不再适用。

为适应三相不平衡的工况，需 3.3.3 节所述的串联形式设计方式，设计$6k\pm1$快速重复控制，此时不需要三相耦合形成正负频率的电流，只需单相电流即可完成控制。

此情况下，通用快速重复控制器设计为：

$$G_{g_{6k\pm1}} = \frac{z^{-\frac{N}{6}} - z^{-\frac{N}{3}}}{1 - (z^{-\frac{N}{6}} - z^{-\frac{N}{3}})} \tag{3-48}$$

由于该快速重复控制用于标准 abc 坐标系下，故利用此通用快速重复控制设计的控制系统不再需要坐标变换，同时重复控制在实现时也不再需要交叉解耦。

此时系统总体控制框图如图 3.27 所示。

在实现时，每一相的负载电流直接与对应相的补偿电流求差后，加上直流侧电压控制的有功电流分量，送入双环控制器进行调节，后加入每一相的电网电压值即可生成三相调制波，控制系统少了坐标变换和交叉解耦，控制复杂度降低，

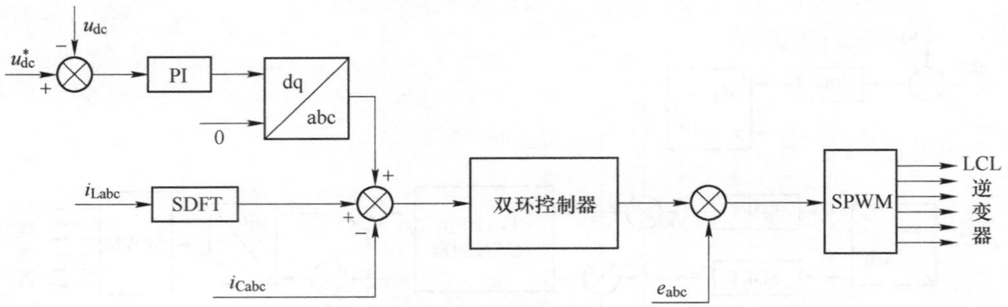

图 3. 27　基于 6k±1 快速重复控制的 SAPF 系统控制框图

但此时重复控制器的固有延时变为 1/3 个基波周期，同时重复控制器所需的存储空间也较 6k+1 次重复控制增加了一倍。

需要注意的是，此处的双环控制器需根据 6k±1 快速重复控制的特性进行重新设计，以保证控制系统的精度和稳定，设计方式与第 3. 5 节相同。

3. 6. 3　分相控制的 2k+1 快速重复控制

当负载处于严重不平衡时，负载电流中将包含 3 次谐波分量，此时前文设计的针对 6k+1 次和 6k±1 次快速重复控制无法控制该谐波分量，针对这种工况，可利用设计 2k+1 快速重复控制来控制这些谐波成分。

在此情况下，通用快速重复控制器设计为：

$$G_{g_{2k+1}} = \frac{-z^{-\frac{N}{2}}}{1+z^{-\frac{N}{2}}} \tag{3-49}$$

上式所表述的 2k+1 快速重复控制可无静差的跟踪系统中所有奇次谐波，电网系统中，一般偶次谐波含量极少。故该形式的内模可适用绝大部分工况。

由于这种 2k+1 快速重复控制是针对严重不平衡的情况下设计的，故控制系统仍应设计在 abc 坐标系下，系统的控制框图与前文一致。

易知，2k+1 快速重复控制虽然固有延时较为 1/2 个基波周期，较前两种快速重复控制有着更大的控制延时，但因其可以适用于绝大部分工况，有着更好的适用性，故其更适合应用于复杂工况的现场中。

3.7　实 验 验 证

为验证本章所提的通用快速重复控制策略的正确性和有效性，搭建了额定容量为 66kVA 的三相四线制有源电力滤波器样机，主要参数见表 3. 1。

表 3.1 有源电力滤波器样机主要参数

符号	参数说明	数值
u_s	电网相电压	220V
f_s	电网频率	50Hz
C_{dc}	直流侧总容值	7mF
L_1	逆变侧电感	130μH
L_2	网侧电感	30μH
C_f	滤波电容	30μF
v_{dc}	直流侧电压	750V
f_{sw}	开关频率	15kHz

下面将通过设置不同的负载条件，对上一节中提到的三种不同类型的快速重复控制进行实验验证，以检验通用快速重复控制设计方法的有效性。

同时需要指出的是，实验中根据不同的负载类型，谐波提取采用的方式也为第二章对应的 SDFT 方法，即 $6k+1$、$6k\pm1$、$2k+1$ 三种不同的改进 SDFT 谐波提取方法。

3.7.1 静止坐标系下 $6k+1$ 快速重复控制实验验证

将负载设置为三相不控整流桥带阻性负载，其中负载电阻为 4.8Ω。由于其平衡负载的特性，且主要谐波含量为平衡的负序 5 次、正序 7 次等 $6k+1$ 次谐波，故此时选用 $6k+1$ 快速重复控制进行谐波跟踪。

3.7.1.1 平衡负载稳态实验结果

图 3.28 分别是稳态时负载电流波形（a）、SAPF 补偿其谐波（b），以及补偿后的电网电流的波形（c）。

由于三相补偿效果类似，利用 Wavestar 软件对 A 相电流波形进行频谱分析，图 3.29 是 A 相电流的 FFT 分析后的频谱分布结果。可以看到，未经补偿的电网电流与负载电流都呈马鞍波状，谐波 THD 达到 27.51%。经 SAPF 补偿后，电网电流波形基本恢复正弦化，电网电流谐波总 THD 下降为 3.23%，得到了明显改善。负载电流中包含的各次谐波分量，都得到了较高精度的补偿，表明本章所提出的控制策略具有很好的稳态补偿结果。

3.7.1.2 平衡负载动态实验结果

为验证 $6k+1$ 快速重复控制的动态性能，设置负载突然投入运行，即 0~100%切换的工况，观察 $6k+1$ 快速重复控制在此种工况下的动态响应性能。实验结果如图 3.30 所示。

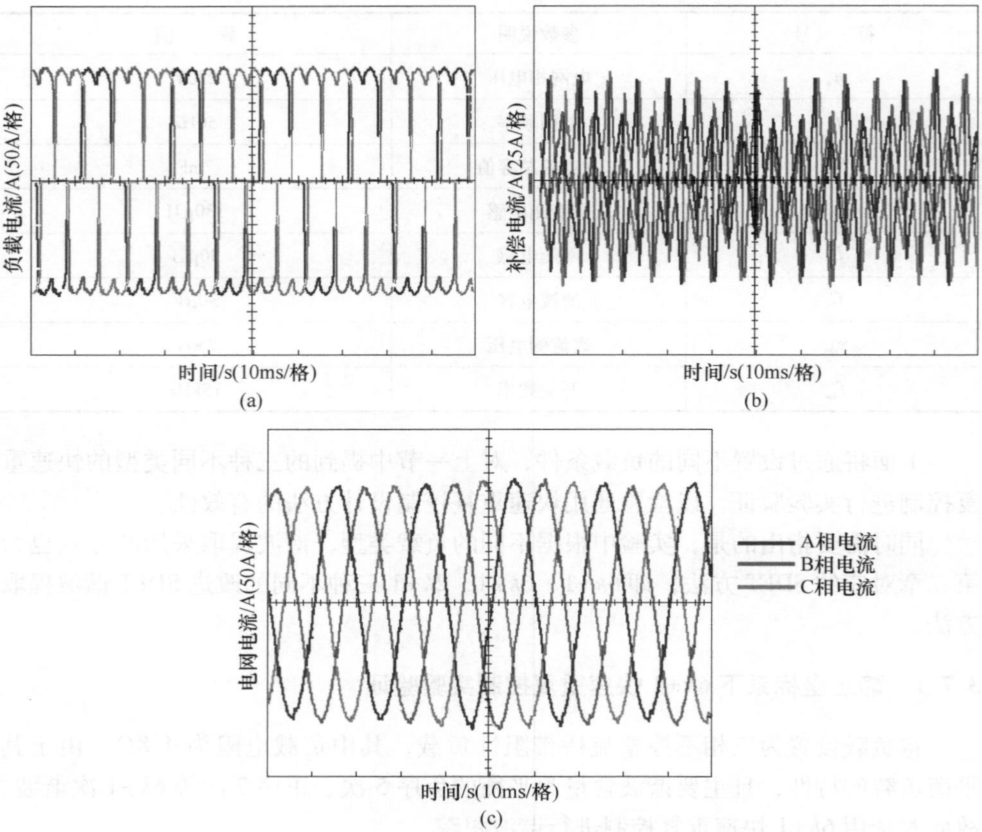

图 3.28　6k+1 快速重复控制实验结果
（a）负载电流波形；（b）补偿电流波形；（c）电网电流波形

由实验结果可以看到，6k+1 次快速重复控制在第一个控制周期后，即约 1/6 基波周期后即可开始响应，但由于此 1/6 个周期内的 SDFT 计算并不准确，故此时补偿结果不理想，再经过 1/6 个周期后，电网电流达到新的稳态，电流基本呈现正弦化，显示了 6k+1 次快速重复控制的快速动态响应能力。

3.7.2　分相控制 6k±1 快速重复控制实验验证

将负载设置为三相不控整流桥带阻性负载，其中负载电阻为 4.8Ω，并在 AB 相之间并联一个 20Ω 的电阻，使负载产生不对称。由于其不平衡负载的特性，且主要谐波含量为 5 次、7 次等 6k±1 次谐波，故此时选用 6k±1 快速重复控制进行谐波跟踪。

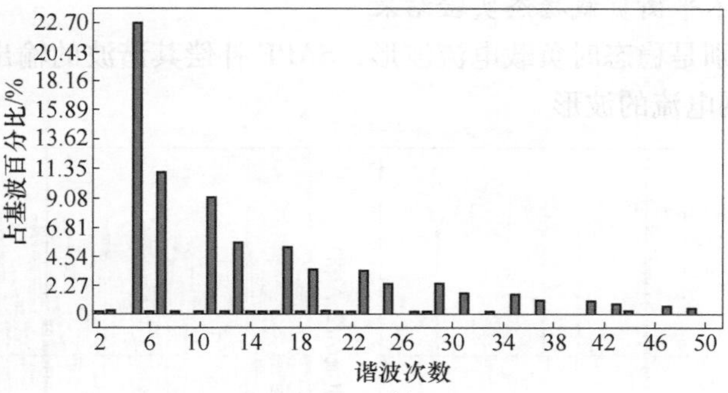

(a)

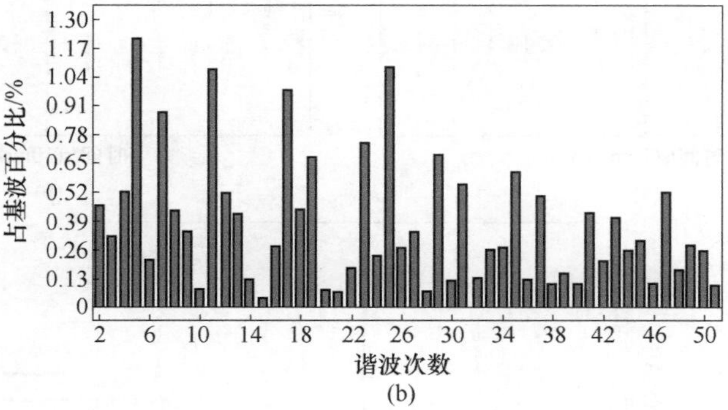

(b)

图 3.29 A 相电流 FFT 分析结果

（a）负载电流频谱；（b）电网电流频谱

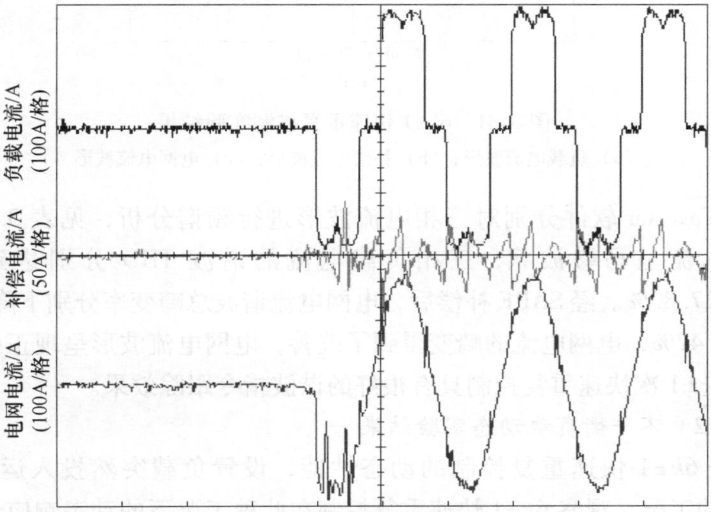

图 3.30 6k+1 快速重复控制在负载 0~100%切换的动态实验结果

3.7.2.1 不平衡负载稳态实验结果

图 3.31 分别是稳态时负载电流波形，SAPF 补偿其谐波的输出电流波形，以及补偿后的电网电流的波形。

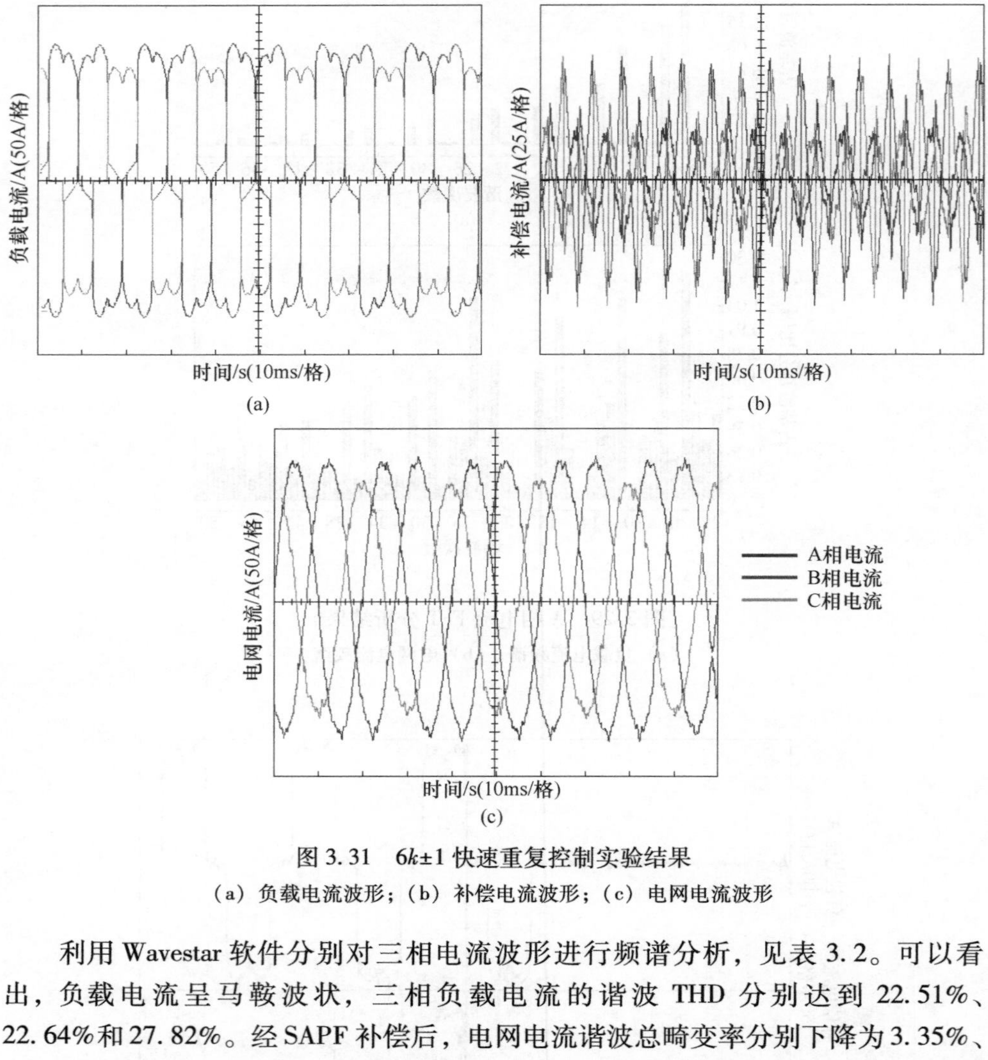

图 3.31 $6k\pm1$ 快速重复控制实验结果

（a）负载电流波形；（b）补偿电流波形；（c）电网电流波形

利用 Wavestar 软件分别对三相电流波形进行频谱分析，见表 3.2。可以看出，负载电流呈马鞍波状，三相负载电流的谐波 THD 分别达到 22.51%、22.64%和 27.82%。经 SAPF 补偿后，电网电流谐波总畸变率分别下降为 3.35%、3.30%和 3.47%，电网电流的畸变得到了改善，电网电流波形呈现正弦状。表明所提出的 $6k\pm1$ 次快速重复控制具有很好的谐波指令跟踪效果。

3.7.2.2 不平衡负载动态实验结果

为验证 $6k\pm1$ 快速重复控制的动态性能，设置负载突然投入运行，即 0～100%切换的工况，观察 $6k\pm1$ 快速重复控制在此种工况下的动态响应性能。实验结果如图 3.32 所示。

表 3.2 不平衡负载工况下电网电流的 FFT 分析结果

实验条件	相	THD（补偿前）	THD（补偿后）
三相不控整流桥负载，且 AB 相并联 20Ω 电阻	A 相	22.51%	3.35%
	B 相	22.64%	3.30%
	C 相	27.82%	3.47%

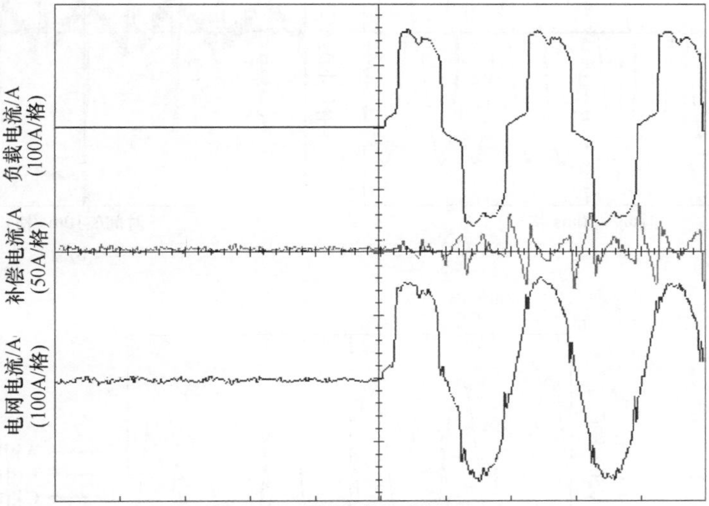

图 3.32 6k±1 快速重复控制在负载 0~100%切换的动态实验结果

与 6k+1 次快速重复控制类似，6k±1 次快速重复控制在第一个控制周期后，即约 1/3 基波周期后即可开始响应。但由于前 1/3 个周期内的 SDFT 计算并不准确，故此时补偿结果不理想。再经过 1/3 个周期后，电网电流达到新的稳态，电流基本呈现正弦化。其总动态响应时间在 2/3 个基波周期左右，显示了 6k±1 次快速重复控制的快速动态响应能力。

3.7.3 分相控制 2k+1 快速重复控制实验验证

将负载设置为三相不控整流桥带阻性负载，C 相断相，并将负载直流侧中点引出至电网中点，使负载产生带零序分量的不对称。由于其不平衡负载的特性，且主要谐波含量为 3 次、5 次、7 次等 2k+1 次谐波，故此时选用 2k+1 快速重复控制进行谐波跟踪。

3.7.3.1　严重不平衡负载情况下稳态实验结果

图 3.33 分别是稳态时负载电流波形，SAPF 补偿其谐波的输出电流波形，以及补偿后的电网电流的波形。

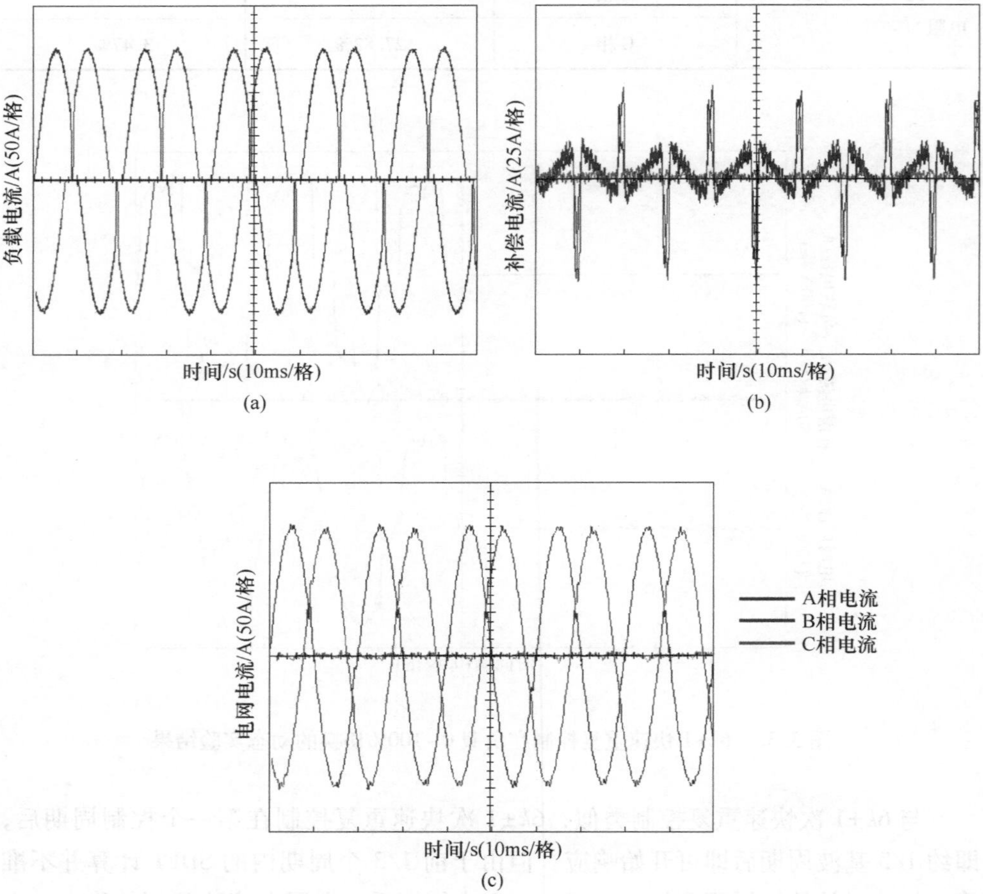

图 3.33　2k+1 快速重复控制实验结果

（a）负载电流波形；（b）补偿电流波形；（c）电网电流波形

利用 Wavestar 软件分别对三相电流波形进行频谱分析，见表 3.3。可以看出，负载电流有较大的畸变，AB 相负载电流的谐波 THD 分别达到 22.51%、22.64%。经 SAPF 补偿后，AB 相电网电流谐波总畸变率分别下降为 3.06%、2.95%，电网电流的畸变得到了改善，电网电流波形呈现正弦状。表明所提出的 2k+1 次快速重复控制具有很好的谐波指令跟踪效果。

表 3.3　严重不平衡负载工况下电网电流的 FFT 分析结果

实验条件	相	THD（补偿前）	THD（补偿后）
C 相断相，且负载侧中点引出至电网中性线	A 相	23.69%	3.06%
	B 相	23.84%	2.95%
	C 相	无	无

3.7.3.2　严重不平衡负载动态实验结果

为验证 2*k*+1 快速重复控制的动态性能，设置负载突然投入运行，即 0~100%切换的工况，观察 2*k*+1 快速重复控制在此种工况下的动态响应性能。实验结果如图 3.34 所示。

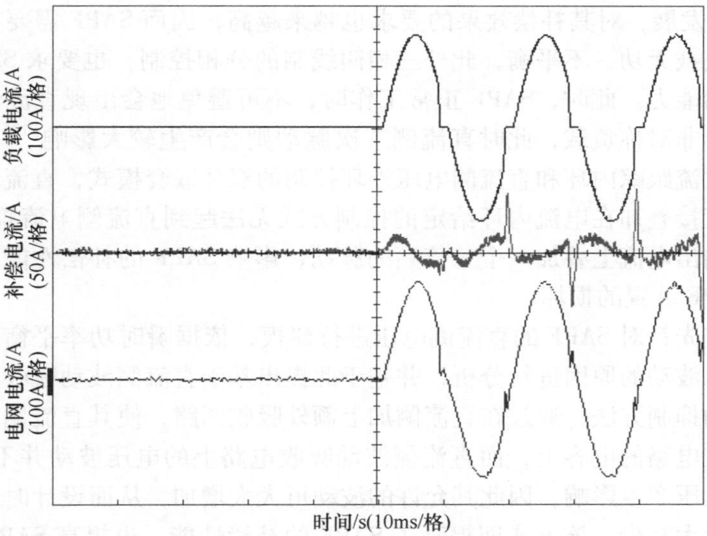

图 3.34　2*k*+1 快速重复控制在负载 0~100%切换的动态实验结果

相同的，2*k*+1 次快速重复控制在第一个控制周期后，即约 1/2 基波周期后即可开始响应，同样由于前 1/2 个周期内的 SDFT 计算并不准确，故此时补偿结果不理想，再经过 1/2 个周期后，电网电流达到新的稳态，电流基本呈现正弦化，其总动态响应时间在 1 个基波周期左右，显示了 2*k*+1 次快速重复控制的快速动态响应能力。

4 有源电力滤波器直流侧优化设计及其控制策略

4.1 引 言

常规的 SAPF 在补偿三相平衡的谐波负载时，直流侧波动很小[115,122]，但随着 SAPF 的发展，对其补偿效果的要求也越来越高，因而 SAPF 需要在一定情况下，补偿负载无功、不平衡，此外三相四线制的分相控制，也要求 SAPF 具有不平衡补偿的能力。此时，SAPF 正常工作时，不可避免地会出现直流侧电压脉动问题，对于非对称负载，此时直流侧二次脉动则会产生较大影响[126]，SAPF 控制中采用电流跟踪内环和直流侧电压外环控制的双环嵌套模式，直流电压外环的控制输出直接叠加在电流内环给定的控制方式无法起到直流侧电流抑制的效果，反而会在输出电流上叠加一个三倍频的脉动，影响 SAPF 的补偿性能，严重时甚至造成 SAPF 装置的损坏。

本章首先针对 SAPF 的直流侧电压进行建模，依据瞬时功率平衡理论，对其直流侧电压波动的原因进行分析，并基于此提出基于直流侧波动吸收电路的直流侧电压波动抑制方法，通过在直流侧加上额外吸收回路，使其直流侧波动的能量转移到吸收电路的电容上，而直流侧波动吸收电路上的电压波动并不会对 SAPF 桥臂输出电压产生影响，因此其允许的波动可大大增加，从而设计时直流侧电容的取值可大大减少，该方式即提高了 SAPF 的补偿性能，也提高 SAPF 装置的整机功率密度。其次，针对三电平 SAPF 的直流侧电压的均压问题，建立上下电容电压差变化与正负电平开关占空比的关系，提出了基于向桥臂注入均压电流的控制方法，该控制方法通过计算获得需注入的均压电流值，即提高了均压控制的精度，而且由于其无需设计额外的控制器，也使得控制复杂度降低。最后，设计了相应的实验，验证了直流侧波动抑制电路及直流侧均压控制的有效性。

4.2 SAPF 直流侧电压波动分析

三电平三相四线制 SAPF 系统结构图如图 4.1 所示。

由于负载的不平衡性可能存在，则 SAPF 对基波负序，零序，以及谐波进行补偿，不同电流的补偿将会对系统产生不同的影响。

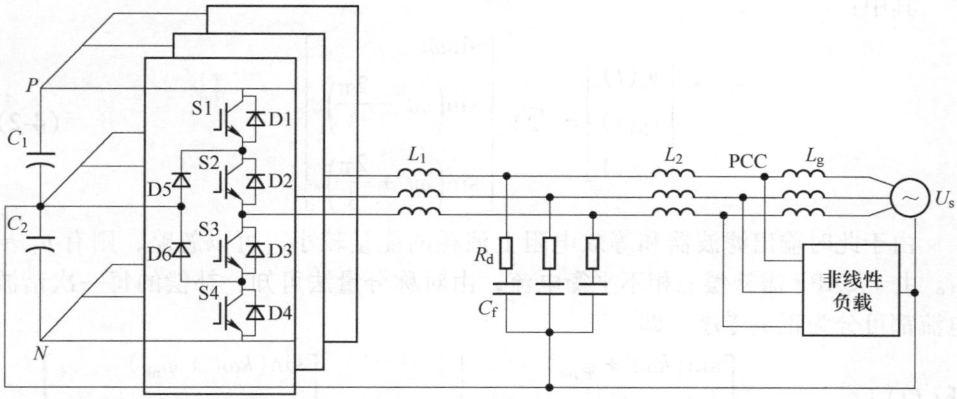

图 4.1 三相四线制 SAPF 系统结构图

4.2.1 基于能量平衡的直流侧波动计算

为分析直流侧电压波动，可利用功率守恒分析交直流侧功率流动，此时由于 LCL 滤波器中的电容支路因流过高频纹波，在进行分析时可以忽略省去，故其等效电路如图 4.2 所示。

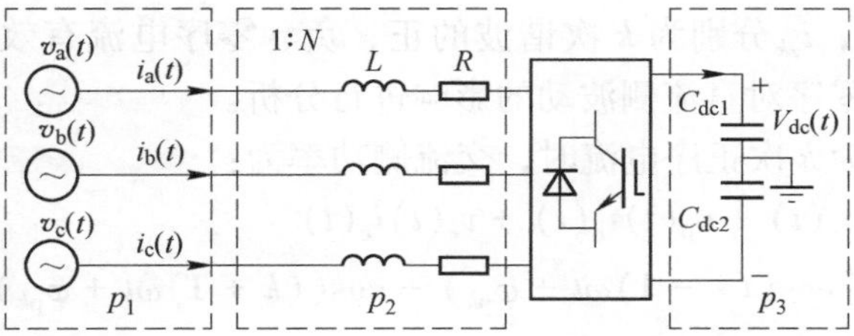

图 4.2 简化功率流动等效电路图

图中 L 是包含 LCL 滤波器电感以及变压器漏感在内的等效电感，R 代表线路上电抗器、电容以及逆变器损耗的等效电阻，C_{dc} 为电压源型逆变器直流母线上下电容的总电容。v_j(j=a、b、c) 是电网电压，i_j(j=a、b、c) 为补偿电流，i_{dc} 为直流侧电流。系统各部分的功率定义在图 4.2 中，每一部分的瞬时功率为：

$$\begin{cases} p_1 = v_a(t)i_a(t) + v_b(t)i_b(t) + v_c(t)i_c(t) \\ p_2 = R(i_a^2(t) + i_b^2(t) + i_c^2(t)) + \dfrac{1}{2}L\dfrac{d}{dt}(i_a^2(t) + i_b^2(t) + i_c^2(t)) \\ p_3 = CV_{dc}(t)\dfrac{dV_{dc}(t)}{dt} \end{cases} \tag{4-1}$$

其中：

$$\begin{bmatrix} v_a(t) \\ v_b(t) \\ v_c(t) \end{bmatrix} = \sqrt{2} V_s \begin{bmatrix} \sin\omega t \\ \sin\left(\omega t - \frac{2\pi}{3}\right) \\ \sin\left(\omega t + \frac{2\pi}{3}\right) \end{bmatrix} \tag{4-2}$$

由于此时输出滤波器和等效电阻上消耗的能量较小，可以忽略，则有 $p_1 \approx p_3$。由于 SAPF 需补偿三相不平衡电流，由对称分量法可知，补偿的每一次谐波电流都可分为正负零序，即

$$\begin{bmatrix} i_a(t) \\ i_b(t) \\ i_c(t) \end{bmatrix} = \sum_{k=1}^{\infty} \sqrt{2} i_{pk} \begin{bmatrix} \sin(k\omega t + \varphi_{pk}) \\ \sin\left(k\omega t + \varphi_{pk} - \frac{2\pi}{3}\right) \\ \sin\left(k\omega t + \varphi_{pk} + \frac{2\pi}{3}\right) \end{bmatrix} + \sum_{k=1}^{\infty} \sqrt{2} i_{nk} \begin{bmatrix} \sin(k\omega t + \varphi_{nk}) \\ \sin\left(k\omega t + \varphi_{nk} + \frac{2\pi}{3}\right) \\ \sin\left(k\omega t + \varphi_{nk} - \frac{2\pi}{3}\right) \end{bmatrix} + \sum_{k=1}^{\infty} \sqrt{2} i_{zk} \begin{bmatrix} \sin(k\omega t + \varphi_{zk}) \\ \sin(k\omega t + \varphi_{zk}) \\ \sin(k\omega t + \varphi_{zk}) \end{bmatrix} \tag{4-3}$$

式中 i_{pk}，i_{nk}，i_{zk}分别为 k 次谐波的正、负、零序电流有效值。下面分别就各次谐波的正负零序对直流侧波动的影响进行分析。

当输出电流为 k 次正序电流时，交流侧功率为：

$$\begin{aligned} p_{1k} &= v_a(t)i_a(t) + v_b(t)i_b(t) + v_c(t)i_c(t) \\ &= V_s i_{pk}[\cos((k-1)\omega t + \varphi_{pk}) - \cos((k+1)\omega t + \varphi_{pk})] + \\ &\quad V_s i_{pk}\left[\cos((k-1)\omega t + \varphi_{pk}) - \cos\left((k+1)\omega t + \varphi_{pk} + \frac{4\pi}{3}\right)\right] + \\ &\quad V_s i_{pk}\left[\cos((k-1)\omega t + \varphi_{pk}) - \cos\left((k+1)\omega t + \varphi_{pk} - \frac{4\pi}{3}\right)\right] \end{aligned} \tag{4-4}$$

由三相对称可知，式中含三相相角关系的一项三相总和必然为 0，则三相正序电流引起的波动为每一次正序电流的叠加，则总功率波动为：

$$\begin{aligned} p_1 &= \sum_{k=1}^{\infty} 3V_s i_{pk} \cos((k-1)\omega t + \varphi_{pk}) \\ &= 3V_s i_{p1} \cos\varphi_{p1} + \sum_{k=2}^{\infty} 3V_s i_{pk} \cos((k-1)\omega t + \varphi_{pk}) \end{aligned} \tag{4-5}$$

可知，基波正序的功率为一恒定功率，此时将引起直流侧电压往一固定方向偏离，该偏离可由直流侧稳压环注入反向功率消除。

特别的，当补偿的正序电流为无功时，此时 $\varphi_k = \dfrac{\pi}{2}$，基波正序电流引起的固定功率偏移量为 0，即基波正序无功电流不引起直流侧变化。

因此，当补偿所有的正序电流时，直流侧上的电流应为：

$$i_{dc} = \frac{p_1}{V_{dc}} = \frac{3V_s i_{pk}\cos\varphi_k + \sum_{k=2}^{\infty} 3V_s i_{pk}\cos((k-1)\omega t + \varphi_{pk})}{V_{dc}} \tag{4-6}$$

由功率平衡可知，由正序电流引起的直流侧电压波动为：

$$\Delta V_{dcp} = \sum_{k=2}^{\infty} \frac{3V_s i_{pk}\cos((k-1)\omega t + \varphi_{pk})}{(k-1)\omega C_{dc} V_{dc}} \tag{4-7}$$

同理，可以推出负序电流引起的直流侧电压波动为：

$$\Delta V_{dcn} = \sum_{k=1}^{\infty} \frac{3V_s i_{nk}\sin((k+1)\omega t + \varphi_{nk})}{(k+1)\omega C_{dc} V_{dc}} \tag{4-8}$$

而零序电流由于电压为三相对称电压，故此时零序电流瞬时功率总为 0，即对称的零序电流仅在三相间流动，不引起直流侧电压变化。

则直流侧电压总波动为：

$$\Delta V_{dc} = \Delta V_{dcp} + \Delta V_{dcn} = \sum_{k=2}^{\infty} \frac{3V_s i_{pk}\cos((k-1)\omega t + \varphi_{pk})}{(k-1)\omega C_{dc} V_{dc}} + \sum_{k=1}^{\infty} \frac{3V_s i_{nk}\sin((k+1)\omega t + \varphi_{nk})}{(k+1)\omega C_{dc} V_{dc}} \tag{4-9}$$

由式（4-9）可知，k 次谐波引起的直流侧电压波动值与谐波次数有关在相同输出电流有效值下，次数越高则波动范围越小。

SAPF 主要补偿出基波有功电流外的所有负载电流含量，即补偿基波无功电流、基波负序电流和所有次谐波电流。由以上分析，可得出以下结论：

（1）SAPF 补偿基波正序无功电流时，不会引起直流侧电流变化。

（2）SAPF 补偿基波负序电流时，会在直流侧引起二倍频波动，波动电压的大小与补偿电流有效值成正相关关系，与直流侧电压、直流侧电容值成反比关系，即要减少直流侧电压波动，需选用较大的直流侧电容。

（3）当补偿特征次谐波时，即 $6k-1$ 负序和 $6k+1$ 正序谐波时，会在直流侧引起 $6k$ 次波动，但由于波动次数较高，此时直流侧波动较小。

（4）由于三相电网中基本不存在偶次谐波，故补偿的每一次谐波皆为奇数次谐波，由式（4-9）可知，此时直流侧存在的波动皆为偶数次波动。

因此，易知在输出相同电流有效值的情况，正序 3 次电流和负序基波电流能够引起的直流侧波动最大，故设计时应以这种情况下引起的波动作为最大值设计电容。

假设 SAPF 满功率补偿三相负序设最大允许波动量为 ΔV_{dcmax}，则直流侧电容应有：

$$C_{dc} \geqslant \frac{S_{SAPF}}{2\omega V_{dc}\Delta V_{dc}} \tag{4-10}$$

其中，S_{SAPF} 为 SAPF 的总补偿容量。在实际系统设计中，所需的直流侧电容应该比由上式计算得出的值更大，因为纹波电流有对电解电容器的寿命产生重大影响，故应该用更大的电容来减少该纹波产生的影响。

4.2.2　直流侧电流波动对输出电流的影响

下面以 A 相为例，分析直流侧波动对控制环的影响。

直流侧电压环控制如图 4.3 所示，以负序电流导致的二倍频波动为例，由以上分析可知，当直流侧存在二倍频波动时，生成的指令电流为：

$$\begin{aligned} i_{refa} = K\Delta V_{dc}\sin\omega t &= \frac{3V_s i_{nk}\sin(2\omega t + \varphi_{pk})}{2\omega C_{dc}V_{dc}}\sin\omega t \\ &= \frac{3V_s i_{nk}}{4\omega C_{dc}V_{dc}}(\cos(\omega t + \varphi_{pk}) - \sin(3\omega t + \varphi_{pk})) \end{aligned} \tag{4-11}$$

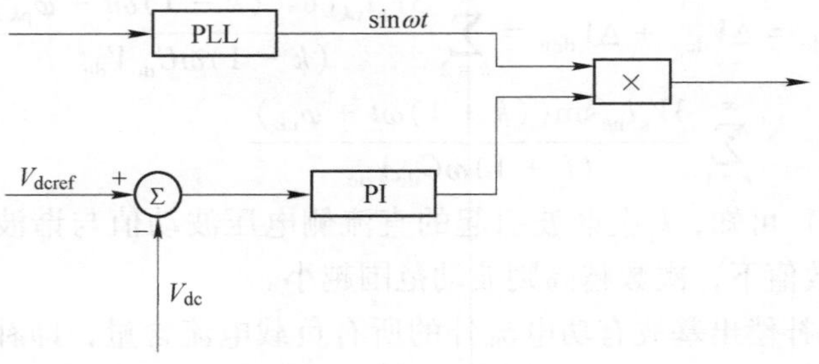

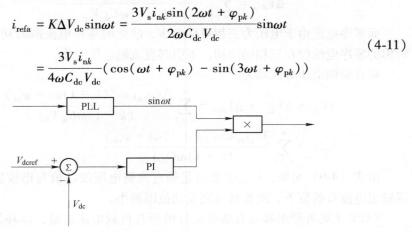

图 4.3　直流侧电压控制框图

即直流侧电压波动将对补偿电流注入额外的 3 次谐波电流量，该电流将影响输出补偿精度。

同理，其他次谐波引起的直流侧电压波动，也会通过直流侧稳压环向输出电流注入额外的谐波电流，严重时，SAPF 非但补偿不了负载谐波，反而会向电网注入额外的谐波，而成为一个需要治理的谐波源。

此外，假设 SAPF 系统采用 SPWM 方式进行调制，在标幺化调制波时，一般采用直流侧电压参考值进行标幺化，此时由于直流侧波动的存在，会使得逆变器输出电压与理想输出电压存在波动误差，该误差的累计将导致控制精度的下降，甚至导致过调制的产生，影响 SAPF 系统的稳定运行。

4.3 SAPF 直流侧波动补偿电路设计

由以上分析可知，为降低直流侧电压的波动，需增大直流侧电容，但直流侧电容增大又不利于 SAPF 系统的功率密度和经济性。为解决 SAPF 直流侧波动问题，根据单相逆变器常用的功率解耦电路[171]，设计了一个直流波动补偿 DRC（DC Ripple Compensator）电路以降低直流侧电压波动。

为吸收直流侧的电压波动，针对上下电容的波动分别设计了如图 4.4 所示的 DRC 电路拓扑，每个电路包含一个半桥、一个滤波电感、一个吸收电容。根据之前的分析，上下电容电压波动情况完全一致，以下设计时不区分上下电容，而进行统一设计。

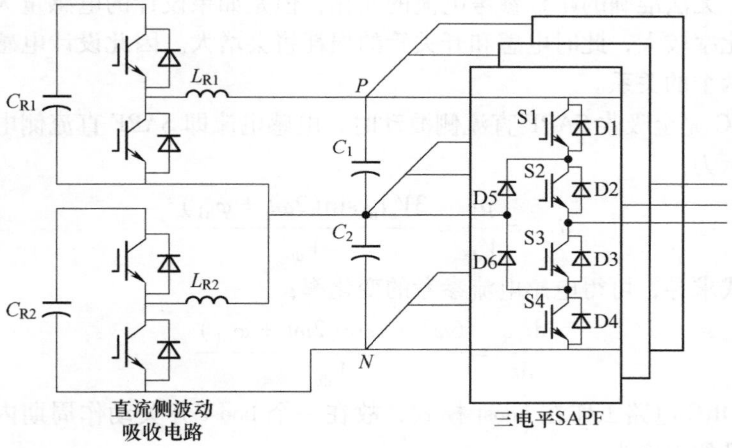

图 4.4 DRC 电路拓扑

4.3.1 直流侧波动吸收电路参数设计

由前一节分析可知，当 SAPF 补偿基波负序电流时，引起的直流侧波动最大，故以下的电路设计以波动最大的负序电流补偿时的波动作为设计依据。

该 DRC 电路为 buck-boost 型电路，设 SAPF 直流侧上的波动完全转移到 DRC 电路的直流侧电容上，当 SAPF 满功率补偿基波负序电流时，则 DRC 电路上的电压波动为：

$$\Delta V_{\mathrm{dcR}} = \frac{S_{\mathrm{SAPF}} \sin(2\omega t + \varphi_{\mathrm{n1}})}{2\omega C_{\mathrm{R}} V_{\mathrm{dcR}}} \tag{4-12}$$

因此，为降低 SAPF 直流侧和 DRC 直流侧总电容值，提高系统功率密度，可采用提高吸收电路上电容压降，同时提高吸收电路上电容的电压波动允许值。

因此，将 DRC 电路设计为工作于 boost 工作模式下，将 DRC 电路上的电容压降升高，同时提高 DRC 电路上电容电压波动的允许值。但需注意的是，此时 DRC 电路上电容 C_R 的电压应保证大于 SAPF 直流侧电压值，同时 DRC 直流侧波动会导致电容电压峰值提高，从而加大 DRC 电路上开关管的电压应力。设计时需综合考虑该因素。

设 SAPF 直流侧电压值为 V_{dc}，允许的波动为 ΔV_{dc}，而 DRC 电路上电容电压值为 V_{dcR}，允许的波动为 ΔV_{dcR}，则理论上总电容值最大能减小的倍数为：

$$\eta = \frac{V_{dcR}}{V_{dc}} \times \frac{\Delta V_{dcR}}{\Delta V_{dc}} \tag{4-13}$$

DRC 电路的滤波电感设计方法与 SAPF 输出滤波器电感设计思路一致，电感设计需要考虑电感电流的变化率，如果设计的电感量太大，会导致电感电流的变化率下降，无法准确的跟踪参考电流的变化；但是如果设计的电感量太小，电感电流的变化率较大，此时电感和开关管的损耗将会增大。因此设计电感量时需要综合考虑两个的关系。

当 DRC 完全吸收 SAPF 直流侧波动时，电感电流即 SAPF 直流侧电压波动电流，可表示为：

$$i_{LR} = \frac{p_1}{V_{dc}} = \frac{3V_s i_{n1} \sin(2\omega t + \varphi_{n1})}{V_{dc}} \tag{4-14}$$

对上式求导，可得电感电流参考的变化率：

$$\frac{di_{LR}}{dt} = \frac{6\omega V_s i_{n1} \sin(2\omega t + \varphi_{n1})}{V_{dc}} \tag{4-15}$$

由于 DRC 电路工作在 boost 模式，故在一个 boost 开关动作周期内，滤波电感电流上升的斜率为：

$$\frac{di_{LR}}{dt} = \frac{V_{dc}}{L_R} \tag{4-16}$$

下降的斜率为：

$$\frac{di_{LR}}{dt} = \frac{V_{dc} - V_{dcR}}{L_R} \tag{4-17}$$

为使电感电流对参考电流保持良好的跟踪，需要上升和下降的速度皆超过直流侧电流的变化率，即

$$\frac{V_{dc}}{L_R} \geqslant \frac{6\omega V_s i_{n1} \sin(2\omega t + \varphi_{n1})}{V_{dc}} \tag{4-18}$$

$$\frac{V_{dc} - V_{dcR}(t)}{L_R} \leqslant \frac{6\omega V_s i_{n1} \sin(2\omega t + \varphi_{n1})}{V_{dc}} \tag{4-19}$$

则可求得滤波电感的选择条件为：

$$L_R \leqslant \min\left[\frac{V_{dc}^2}{6\omega V_s i_{n1}}, \frac{V_{dc}(V_{dcR} - \Delta V_{dcR} - V_{dc})}{6\omega V_s i_{n1}}\right] \tag{4-20}$$

4.3.2 波动吸收电路控制策略

4.3.2.1 DRC 稳压环设计

DRC 电路运行需对 DRC 电容电压平均值做相应的稳压控制，以保证 DRC 电容电压在吸收波动后，以一个固定的值为中心波动。

由上述分析可知，当 DRC 电路工作时，DRC 电容上的电压将把 SAPF 存在的波动吸收至自身电容上，因而，对 DRC 电容电压进行控制时，需对采样的电容电压进行滤波，选择滑动平均滤波器（MAF）对 DRC 电容电压进行滤波。

MAF 的时域表达式为：

$$y(t) = \frac{1}{T_w}\int_t^{t+T_w} x(\tau)\mathrm{d}\tau \tag{4-21}$$

式（4-21）中，$x(t)$、$y(t)$ 分别为 MAF 的输入信号、输出信号，T_w为 MAF 的窗口长度。

对式（4-21）进行 s-变换，可得 MAF 的 s-域传递函数如式（4-22）所示：

$$G_{MAF}(s) = \frac{y(s)}{x(s)} = \frac{1 - e^{-sT_w}}{sT_w} \tag{4-22}$$

在实际应用中，MAF 需要在离散域内实现。假设滑 MAF 的窗口中包含输入信号的 N 个采样点信息，即 $T_w = NT_{sam}$，T_{sam} 是采样周期，由此 MAF 的离散域描述如式（4-23）所示。

$$y(k) = \frac{1}{N}\sum_{i=0}^{N-1} x(k-i) \tag{4-23}$$

式中，$x(k)$ 为当前采样点信息。

将式（4-23）所示的差分表达式做 z-变换，可以得到 MAF 的 z-域传递函数：

$$G_{MAF}(z) = \frac{y(z)}{x(z)} = \frac{1}{N}\frac{1 - z^{-N}}{1 - z^{-1}} \tag{4-24}$$

$$y(z) = \frac{1}{N}[x(z) + z^{-1}\cdot x(z) + \cdots + z^{-(N-1)}\cdot x(z)] = \frac{1}{N}\frac{1 - z^{-N}}{1 - z^{-1}}x(z) \tag{4-25}$$

图 4.5 是 MAF 在离散数字系统中实现的原理框图，由图 4.5 可以看出 MAF 算法的高效性，整个实现过程仅需要一次加法、一次减法以及一次乘法。

由本章第二节分析可知，直流侧存在的波动为偶数次波动，因此此处将 MAF 的窗口长度设置为基波周期的一半，即 $T_w = 0.01\text{s}$。

当设计的系统采样频率为 15kHz 时，可算得 $N = 150$，此时 MAF 的频率特性

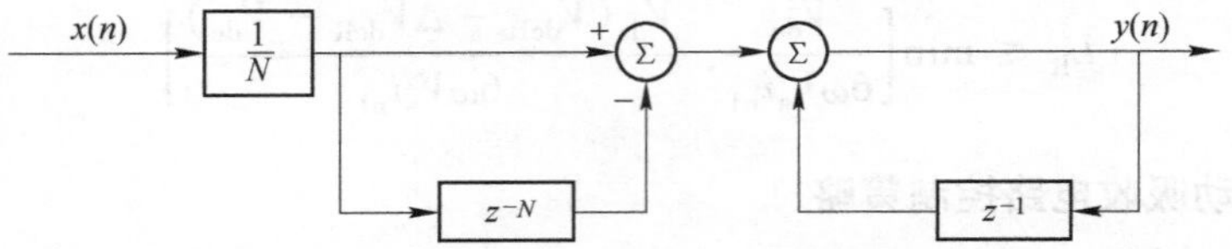

图 4.5　滑动平均滤波器的离散域实现原理框图

曲线如图 4.6 所示。为了更好的说明 MAF 的特性，图 4.6 同时给出了截止频率为 20Hz 的低通滤波器（LPF）的频率特性曲线作为对比。可以看到，设计 MAF 对所有偶数次谐波成分所在的频率处，有着比二阶低通滤波器更大的衰减率，从而达到对这些频率处的偶数次谐波产生更好的滤波效果。

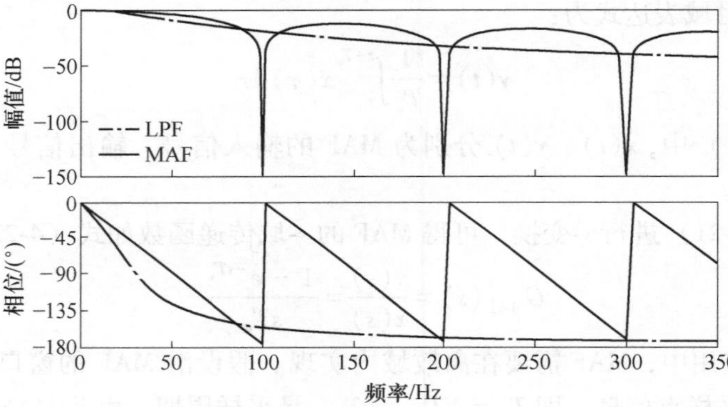

图 4.6　滑动平均滤波的频率特性曲线

因此，在通过上述 MAF 滤波器后，将所得的输出与电压参考值做差，即可得到误差量。而由于 DRC 电路的平均值偏移量可通过从 SAPF 直流侧吸收直流量纠正，因此可将误差量直接作为指令电流加入系统电流环，完整 DRC 电容电压稳压环如图 4.7 所示。

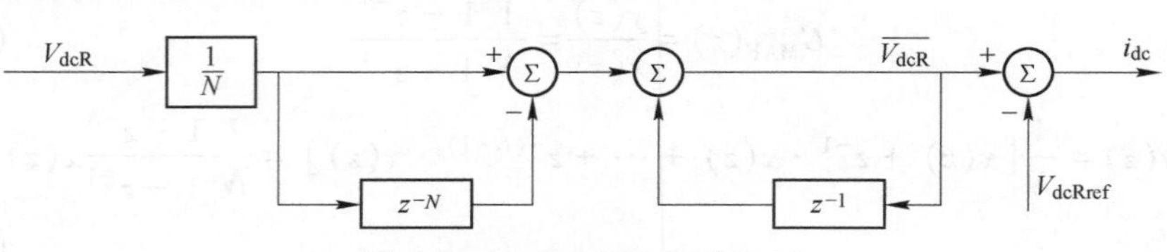

图 4.7　DRC 电容电压稳压环

4.3.2.2　直流侧波动控制环设计

由于 DRC 电路目标是将 SAPF 直流侧波动量吸收至自身电路的储能电容中，区别于传统的功率解耦电路[171,172]，SAPF 的直流侧波动更加复杂，由式（4-9）可知，直流侧电压波动量含有多个频率的波动，为同时跟踪多个波动频率，提高跟踪精度，控制环采用第三章所述的 PI+重复控制的双环控制策略。其中 PI+重复控制的双环控制器的设计方法与第三章所述方式相似，此处不再赘述。因此，整个直流侧波动吸收电路的控制框图如图 4.8 所示。

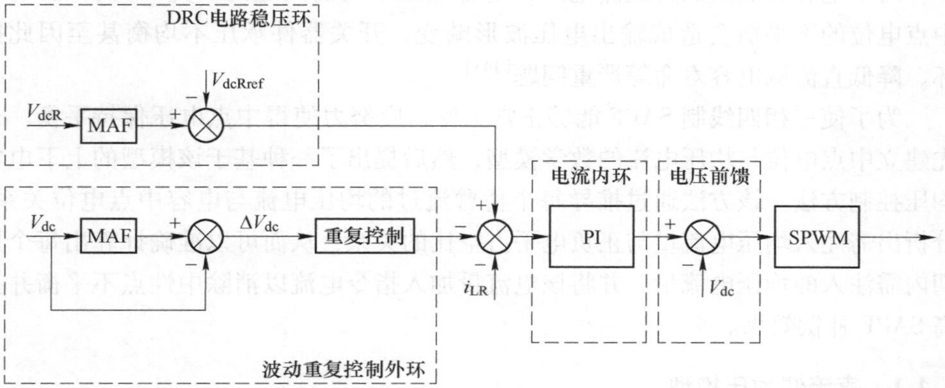

图 4.8 DRC 电路控制框图

SAPF 直流侧电压波动值可利用上文所述的 MAF 滤波器与采样实时值获得，并作为参考量输出重复控制器，来跟踪直流侧波动的变化，将所得误差与稳压环输出输入 PI 环调节，生成控制量来控制 DRC 半桥占空比的变化，完成整个 DRC 电路的控制。同时，为消除 SAPF 直流侧电压对控制的影响，引入 SAPF 直流侧电压前馈控制。

由图 4.8 可知，整个控制器包含以下 4 个部分：

（1）SAPF 直流侧波动重复控制外环：通过 SAPF 直流侧电压瞬时值，与通过平均值滤波器（MAF）计算的 SAPF 直流侧做差得到 SAPF 直流侧波动量，作为重复控制外环的输入，从而得到波动补偿值。

（2）DRC 电容均值稳压环：为保证 DRC 电路的正常工作，应是 DRC 电容均值保持在一个稳定量，利用 DRC 电容的波动吸收 SAPF 的电压波动，DRC 稳压量为一直流量，故参考信号直接利用电流内环 PI 控制即可实现 DRC 电容的稳压。

（3）PI 电流内环通过跟踪电感电流，控制 DRC 电容从 SAPF 吸收或释放能量，从而实现 DRC 电容吸收 SAPF 电容电压波动的控制结果。

（4）引入 SAPF 直流侧电压前馈以消除 SAPF 直流侧电压波动对控制效果的影响。

可以看出，在控制带宽设计合理的情况下，该控制环可以控制 SAPF 的所有次谐波的直流侧波动，将 SAPF 的直流侧波动量转移至 DRC 电路上。

4.4 SAPF 直流侧均压控制

对于电容分裂式的直流侧电压，电容电压不均衡问题的研究一直备受关注，中点电位的不平衡会造成输出电压波形畸变、开关器件承压不均衡甚至因此损坏、降低直流侧电容寿命等严重问题[143]。

为了使三相四线制 SAPF 能够正常工作，应努力使得中点电压保持平衡。首先建立中点电位与均压电流的数学模型，然后提出了一种基于该模型的上下电容均压控制方法。该方法通过推导每个桥臂流过的均压电流与电容中点电位关系，分析出需注入均压电流量与正负电平占空比的关系，从而可以准确计算出每个周期内需注入的均压电流量，并将该电流量加入指令电流以消除中性点不平衡并提高 SAPF 补偿效果。

4.4.1 直流侧均压模型

假设 SAPF 上下电容电压存在不平衡，上下电容电压分别为 V_{dc1} 和 V_{dc2}，则三电平 SAPF 每个桥臂输出的电压有 3 种情况：$+V_{dc1}$、$-V_{dc2}$、0；而每个桥臂输出电流 i_o 可分为流入桥臂和流出桥臂 2 种情况，令流入桥臂的电流方向为正方向。故总共有 6 种引起直流侧中点波动的情况，以下将分别对这些情况进行分析。

当逆变器输出正电压 $+V_{dc1}$ 时，如图 4.9 所示，电流通过上电容，因此电流流入桥臂时，上电容充电；而电流流出桥臂时，上电容放电。

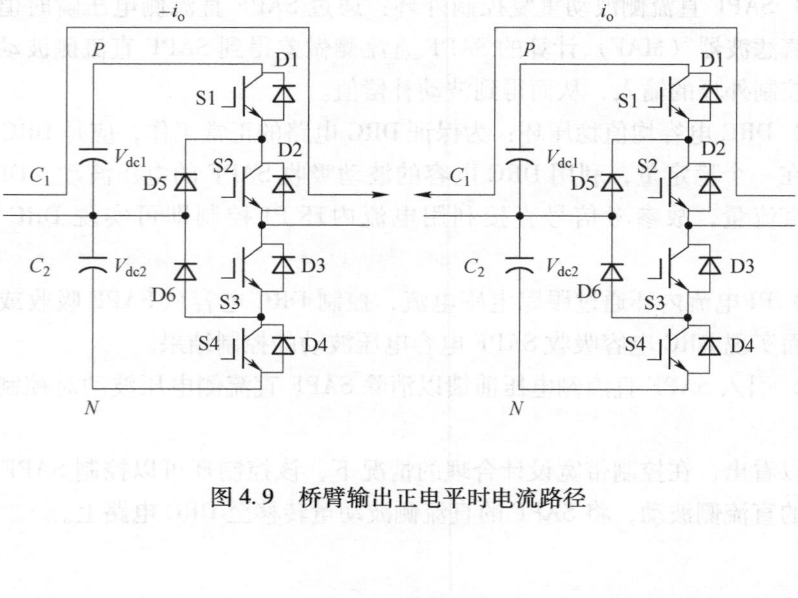

图 4.9　桥臂输出正电平时电流路径

因此在输出正电平时，上下电容电压 V_{dc1}、V_{dc2} 与桥臂电流 i_o 的关系可以表示为：

$$\begin{cases} \dfrac{dV_{dc1}}{dt} = \dfrac{i_o}{C_{dc1}} \\ \dfrac{dV_{dc2}}{dt} = 0 \end{cases} \tag{4-26}$$

当逆变器输出负电压 $-V_{dc2}$ 时，如图 4.10 所示，电流通过下电容，因此电流流出桥臂时，下电容充电；而电流流入桥臂时，上电容放电。

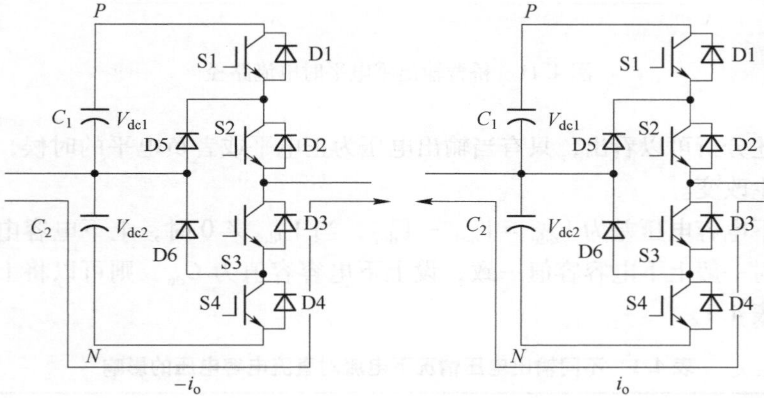

图 4.10 桥臂输出负电平时电流路径

因此在输出负电平时，上下电容电压 V_{dc1}、V_{dc2} 与桥臂电流 i_o 的关系可以表示为：

$$\begin{cases} \dfrac{dV_{dc1}}{dt} = 0 \\ \dfrac{dV_{dc2}}{dt} = -\dfrac{i_o}{C_{dc2}} \end{cases} \tag{4-27}$$

当逆变器输出零电平时，如图 4.11 所示，无论电流流入还是流出桥臂，电流皆不通过电容。

因此在输出零电平时，上下电容电压 V_{dc1}、V_{dc2} 与桥臂电流 i_o 的关系可以表示为：

$$\begin{cases} \dfrac{dV_{dc1}}{dt} = 0 \\ \dfrac{dV_{dc2}}{dt} = 0 \end{cases} \tag{4-28}$$

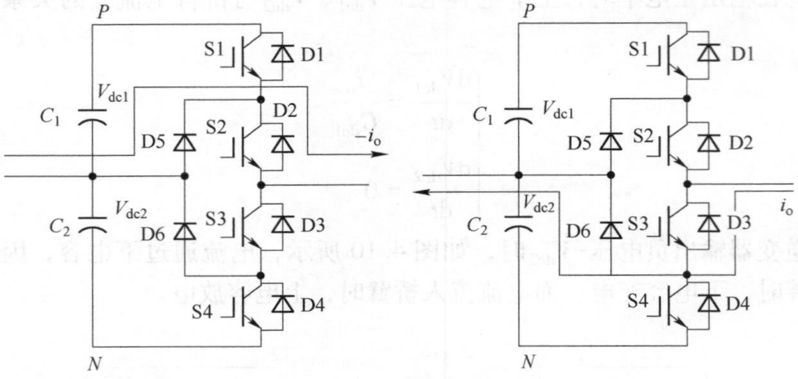

图 4.11　桥臂输出零电平时电流路径

由上述分析可以看出，只有当输出电压为正电平或者负电平的时候，电容电压才会发生改变。

令上下电容电压差为 $V_{ddc} = V_{dc1} - V_{dc2}$，当 $V_{ddc} \neq 0$ 时，上下电容电压不平衡。设计时一般上下电容容值一致，设上下电容容值为 C_{dc}，则可以将上述分析总结为见表 4.1。

表 4.1　不同输出电压情况下电流对直流电容电压的影响

输出电压	$\frac{dV_{dc1}}{dt}$	$\frac{dV_{dc2}}{dt}$	$\frac{dV_{ddc}}{dt}$
$+V_{dc1}$	$\frac{i_o}{C_{dc}}$	0	$\frac{i_o}{C_{dc}}$
0	0	0	0
$-V_{dc2}$	0	$-\frac{i_o}{C_{dc}}$	$\frac{i_o}{C_{dc}}$

由以上分析可知，若向桥臂注入固定的均压电流 i_o，其引起的直流侧电压不平衡仅与注入电流方向和输出正负电平总时间有关，而与桥臂输出电压无关。

设在一段时间 T 内，SAPF 输出高电平时间占 t_1，输出低电平时间占 t_2，输出零电平的时间点 t_0，若控制方法向系统中注入固定均压电流 i_o，可以使直流侧中点偏移量为

$$V_{ddc} = \frac{i_o}{C_{dc}}(t_1 + t_2) = \frac{i_o T}{C_{dc}} \frac{(t_1 + t_2)}{T} = \frac{i_o T}{C_{dc}}(d_1 + d_2) \tag{4-29}$$

式中，$T = t_0 + t_1 + t_2$ 为注入均压电流总作用时间，d_1 和 d_2 为作用时间内输出高电平和低电平的占空比。

因此，当上下电容不均压时，可通过在一段时间内，通过向桥臂注入一固定的均压电流来矫正不均压情况，注入的均压电流为：

$$i_o = \frac{V_{ddc} C_{dc}}{(d_1 + d_2) T} \tag{4-30}$$

由于电容电压差值 V_{ddc} 可通过采样得到，而上下电容容值 C_{dc} 在设计 SAPF 时已经确定，因此，在选定合适的控制周期 T 后，均压所需的注入电流量只与正负电平的占空比有关。定义均压因子为 β：

$$\beta = (d_1 + d_2) T \tag{4-31}$$

此时，只需计算出 β，则均压电流注入量即可确定。将所得均压电流注入量加入 SAPF 电流环指令后，即可达到均压的目的。

4.4.2 直流侧均压策略

由之前的分析可知，均压所需的均压电流注入量与桥臂输出的正负电平占空比相关，采用的双载波 SPWM 调制策略如图 4.12 所示。

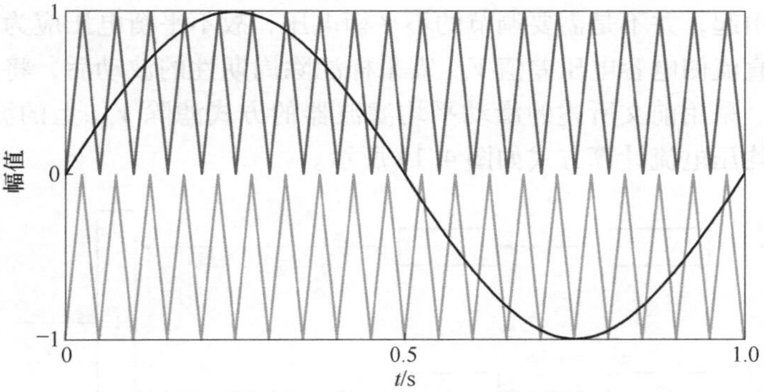

图 4.12 三电平的双载波调制策略

根据双载波调制算法，当调制波 V_m 大于 0 时，桥臂输出正电平和零电平，当调制波和载波为标幺化值时，输出正电平的占空比数值上等于调制波的值 V_m；同样的，当调制波 V_m 小于 0 时，桥臂输出负电平和零电平，而输出负电平的占空比数值上等于调制波的绝对值 $|V_m|$。

因此，在整个调制波周期内，

$$\beta = (d_1 + d_2) T = \int_0^T |V_m| \mathrm{d}t \tag{4-32}$$

需要指出的是，当系统采用 SVPWM 或 3D-SVPWM 调制时，由于调制过程中需计算每个矢量的开关时间，于是在一个基波周期内的均压因子可通过正负电平矢量总作用时间的求和来求解。

由前文分析可知，SAPF 补偿的为基波负序，无功和谐波，因此在 SAPF 补偿时，调制波信号皆以电网基波信号为周期，因此在 SAPF 稳定补偿时，调制波是与电网周期一致的周期性信号，故可以将均压控制周期设定为电网周期。均压因子的计算方式如图 4. 13 所示。

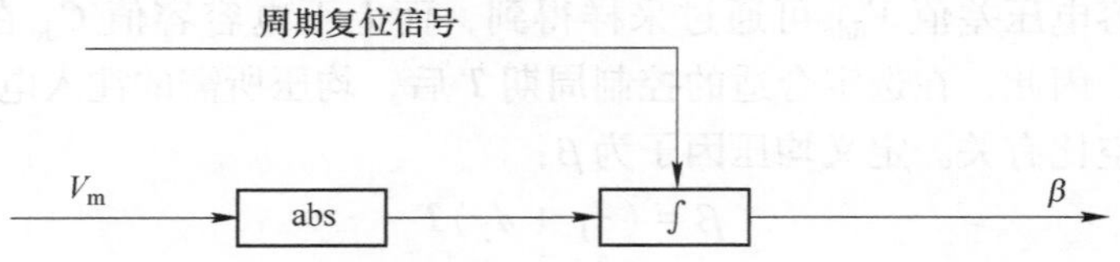

图 4. 13　均压因子计算策略

均压因子通过调制波信号 V_m 一个电网周期累加后，在周期结束后，输出整个周期累加的结果，得到均压因子 β，计算所得的均压因子值用于下一周期的均压注入均压电流的计算。

同时，由之前分析可知，直流侧电压上存在着以电网周期的周期性波动，该波动为补偿引起，并不是需要调节的不平衡电压，故不平衡电压应为直流侧电压的直流量。直流侧电容电压差值 V_{ddc} 需采样滤除周期性的波动后，将直流量作为参考信号值。采用前文所述的滑动平均滤波器的方式滤除 V_{ddc} 上的波动，因此，所需注入的均压电流计算方式如图 4. 14 所示。

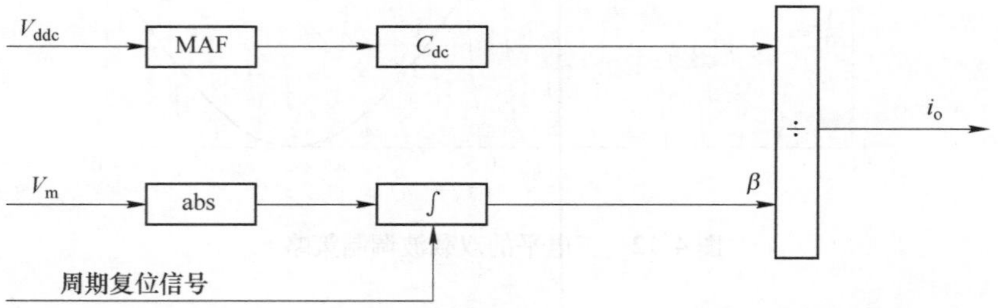

图 4. 14　直流侧均压所需注入的均压电流计算方法

值得注意的是，该计算方法是针对每一桥臂去进行均压电流的计算的，当系统为不平衡负载补偿时，调制波可能存在不同，因此三个桥臂输出正电平和负电平占空比是不等的。该方法可精确计算每一桥臂需要注入的均压电流值，可以看出，该方法比传统的 PI 控制方式更为精准，同时由于该方法直接通过计算获得注入的均压电流量，而省去了 PI 控制环的设计，该方法更便于在实际数字控制系统中的实现。

将三相分别计算所得的均压电流分别加入每一相的电流环即可实现直流侧均压，直流侧均压总体控制框图如图 4. 15 所示。

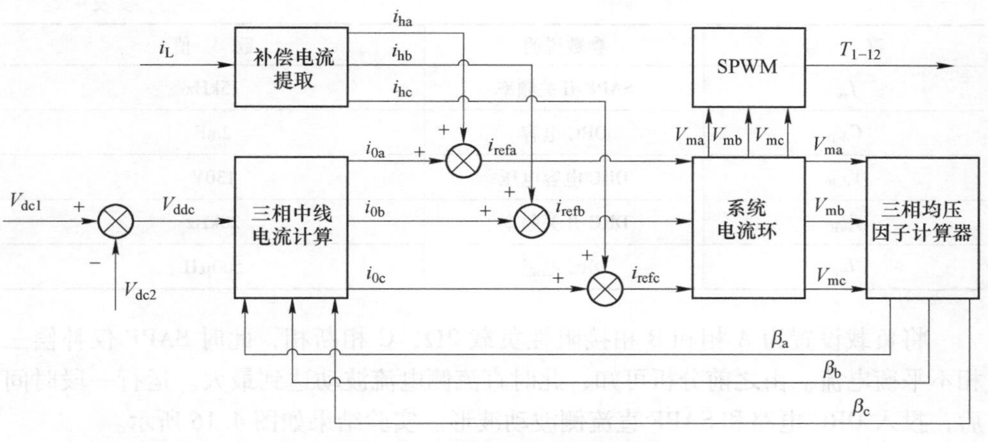

图 4.15　直流侧均压总体控制框图

在图 4.15 的控制策略中，abc 三相根据各自的调制波来计算各桥臂的均压因子 β，然后根据上下电容的电压差计算各桥臂所需的均压电流，并加到系统电流环控制器的参考电流中。因此，每个桥臂的均压电流可以单独计算，从而避免各桥臂出现与自身调制不符的错误均压电流信号，提高均压控制的精确度。

4.5 实 验 验 证

4.5.1 直流侧补偿吸收电路实验验证

为验证本章所提的直流波动吸收电路的正确性和有效性，搭建了的三相四线制有源电力滤波器样机，主要参数见表 4.2。

表 4.2　DRC 验证样机主要参数

符　号	参数说明	数　值
u_s	电网线电压	40V
f_s	电网频率	50Hz
C_{dc}	直流侧总容	2mF
L_1	逆变侧电感	130μH
L_2	网侧电感	30μH
C_f	滤波电容	30μF
V_{dc}	直流侧电压	100V

续表 4.2

符　　号	参数说明	数　　值
f_{sw}	SAPF 开关频率	15kHz
C_{dcR}	DRC 电容	2mF
V_{dcR}	DRC 电容电压	130V
f_{swR}	DRC 开关频率	20kHz
L_R	DRC 电感	500μH

将负载设置为 A 相和 B 相接阻性负载 2Ω，C 相断相，此时 SAPF 仅补偿三相不平衡电流。由之前分析可知，此时直流侧电流波动达到最大。运行一段时间后，投入 DRC 电路和 SAPF 直流侧波动波形。实验结果如图 4.16 所示。

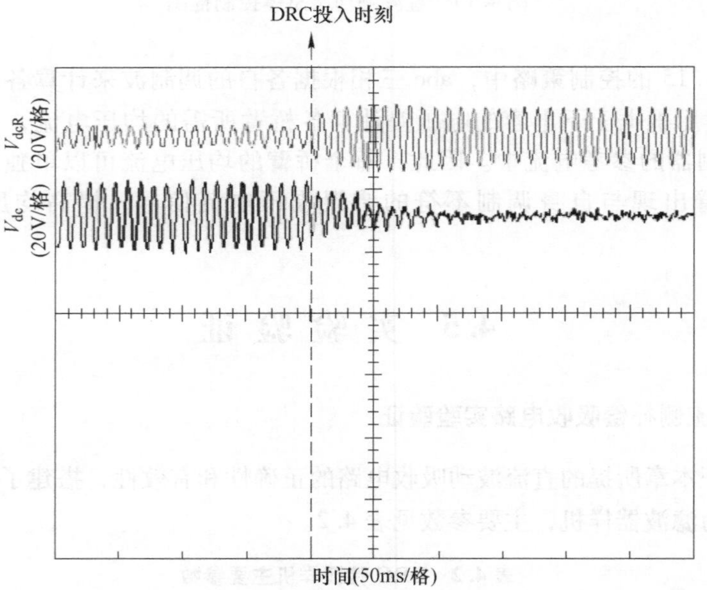

图 4.16　DRC 电路运行前后，直流侧电压和 DRC 电容电压波形

由实验结果可以看出，在 DRC 电路不工作的情况下，SAPF 直流侧存在严重的二倍频波动，波动峰峰值达到了 20V。当 DRC 电路投入工作后，直流侧波动被 DRC 电路吸收，SAPF 的直流侧电压基本不波动。由此可见，采用 DRC 电路后，能够有效地抑制直流侧电压的波动。

为验证 DRC 电路对 SAPF 补偿效果的影响，分别记录 DRC 电路投入前后 SAPF 的负载电流波形，补偿电流波形和补偿后电网电流波形如图 4.17 所示。

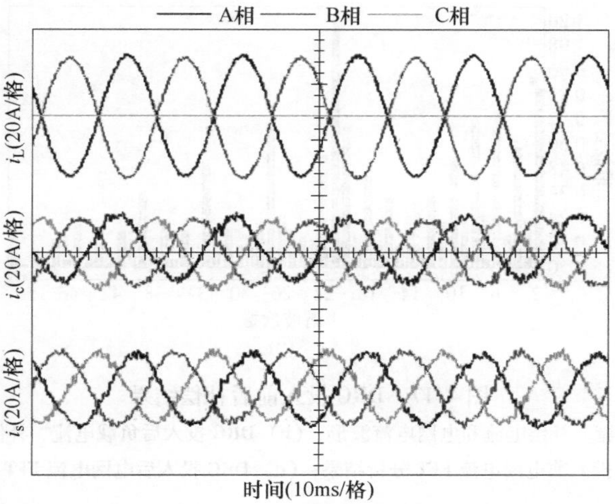
A相
B相
C相
i_L(20A/格)
i_c(20A/格)
i_s(20A/格)
时间(10ms/格)
(a)

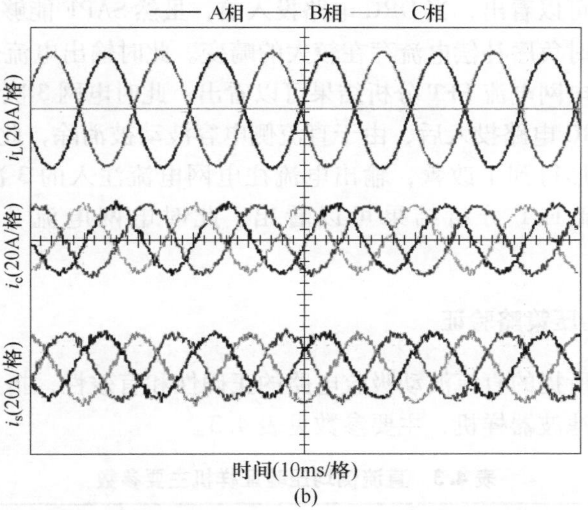
A相
B相
C相
i_L(20A/格)
i_c(20A/格)
i_s(20A/格)
时间(10ms/格)
(b)

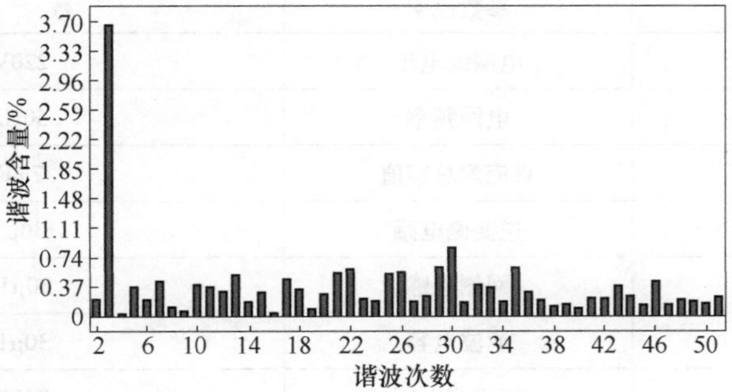
谐波含量/%
3.70
3.33
2.96
2.59
2.22
1.85
1.48
1.11
0.74
0.37
0
2
6
10
14
18
22
26
30
34
38
42
46
50
谐波次数
(c)

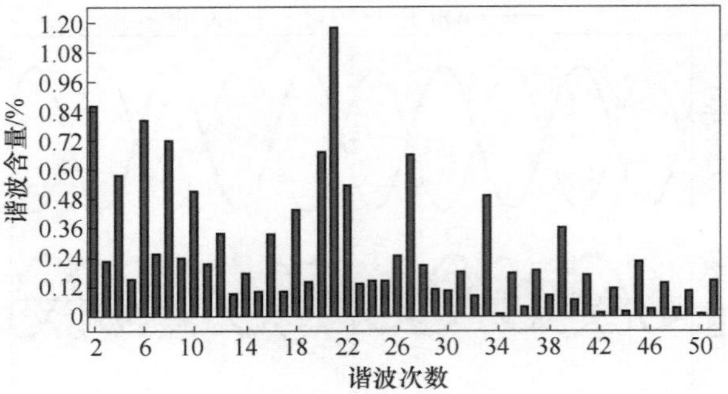

(d)

图 4.17　DRC 投入前后补偿结果

（a）DRC 投入前负载电流、补偿电流和电网电流波形；（b）DRC 投入后负载电流、补偿电流和电网电流波形；（c）DRC 投入前电网电流 FFT 分析结果；（d）DRC 投入后电网电流 FFT 分析结果

由实验结果可以看出，当 DRC 电路投入前，虽然 SAPF 能够正常的输出负序补偿电流，但此时负序补偿电流存在较大的畸变。此时输出电流会往电网电流注入 3 次谐波，由电网电流 FFT 分析结果可以看出，此时电网 3 次谐波含量达到了 3.66%。而当 DRC 电路投入后，由于直流侧电容波动被消除，此时 SAPF 输出的负序补偿电流波形得到了改善，输出电流往电网电流注入的 3 次谐波被基本消除，由电网电流 FFT 分析结果可以看出，此时电网电流 3 次谐波含量仅有 0.24%。

4.5.2　直流侧均压策略验证

为验证本章所提的直流波动吸收电路的正确性和有效性，搭建了三电平三相四线制有源电力滤波器样机，主要参数见表 4.3。

表 4.3　直流侧均压验证样机主要参数

符　号	参数说明	数　值
u_s	电网线电压	220V
f_s	电网频率	50Hz
C_{dc}	直流侧总容值	7mF
L_1	逆变侧电感	130μH
L_2	网侧电感	30μH
C_f	滤波电容	30μF
V_{dc}	直流侧电压	750V
f_{sw}	SAPF 开关频率	15kHz

负载设置为三相不控整流桥负载，在直流侧均压算法不投入的情况下运行一小段时间后，投入提出的均压算法，并记录此时直流侧上下电容电压的变化，实验结果如图 4.18 所示。

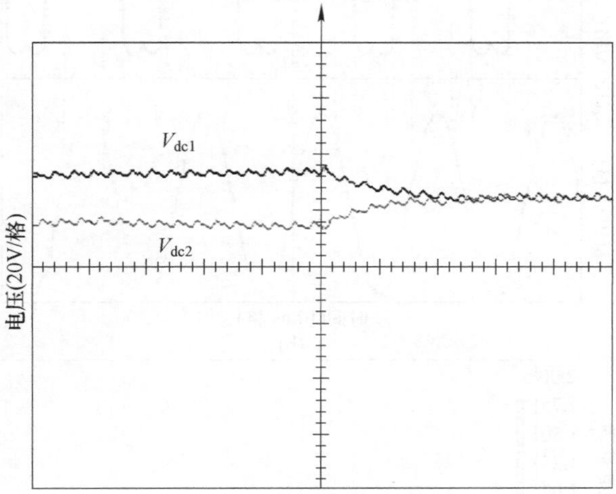

图 4.18 均压算法投入前后直流侧上电容电压 V_{dc1} 和下电容电压 V_{dc2} 波形

由图 4.18 可以看出，当均压控制算法投入前，直流侧上下电容存在约 20V 的电压差，当提出的均压控制算法投入后，直流侧上下电容电压差逐渐向二者的平均值靠近，最后上下电容电压基本相等，直流侧的不均压被消除了。为说明上下电容不均压对补偿效果的影响，分别对均压环投入前和投入后的电网电流做 FFT 分析，分析结果如图 4.19 所示。

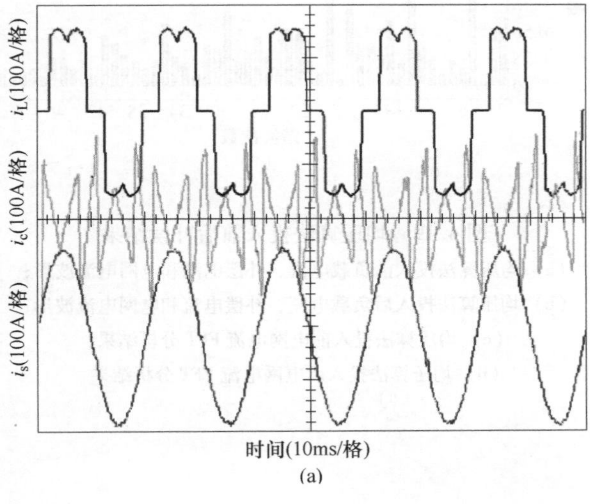

(a)

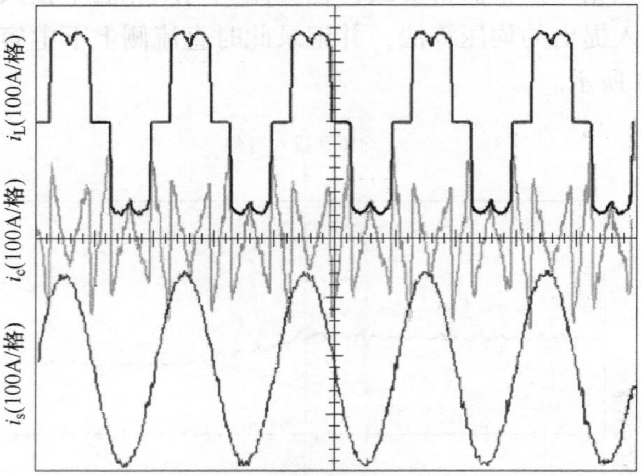

(b)

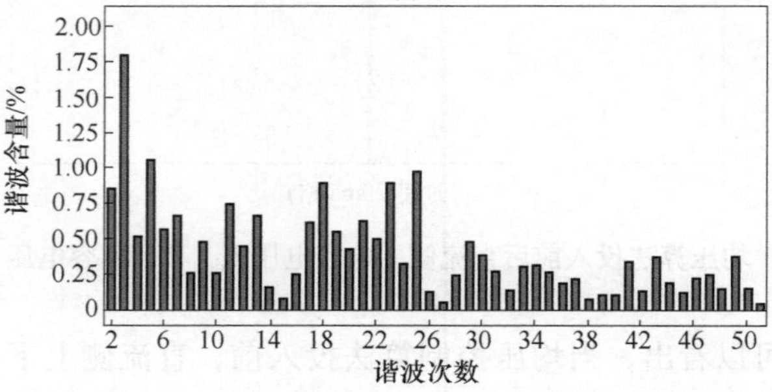

(c)

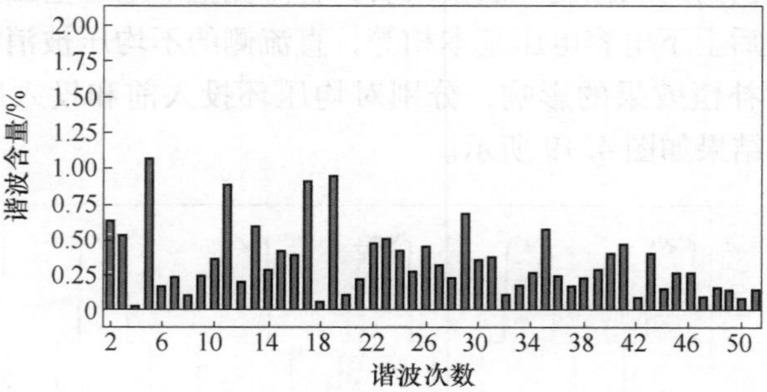

(d)

图 4.19　均压算法投入前后补偿结果

（a）均压算法投入前负载电流、补偿电流和电网电流波形；

（b）均压算法投入后负载电流、补偿电流和电网电流波形；

（c）均压算法投入前电网电流 FFT 分析结果；

（d）均压算法投入后电网电流 FFT 分析结果

由 FFT 分析结果可以看出，当均压环投入前，由于直流侧上下电容不均压，导致输出电压存在正负半周不对称，因此会往电网电流注入低次谐波，此时电网低次谐波含量较高，而当均压环投入后，直流侧上下电容不均压被平衡，因此电网电流低次谐波被基本消除。

5 模块化并联 SAPF 系统建模及其控制策略

随着工业现场大量非线性负载的使用，需要补偿的谐波电流量也越来越大，因此，用于治理这些谐波的 SAPF 容量需求也日益提升。与传统单模块大电流有源电力滤波器（SAPF），模块化设计的 SAPF 以其高度的灵活性和可靠性，使得它成为一个更好的谐波解决方案[151]，本章将对模块化并联 SAPF 系统进行研究，以解决日益增长的补偿容量需求。

在本章中，首先对单模块及多模块 SAPF 系统进行了数学建模，分析得到模块之间以及模块与电网之间通过复杂的阻抗网络耦合在一起，从而相互影响，针对这一情形，利用模块化制造时各模块参数的一致性，简化了各模块的耦合关系，并进一步分析得到了每一模块的等效模型，从而推导出模块并联数的限制条件，为实际工程应用中的模块并联安装数提供指导。接着介绍了本系统采用的集中控制方案，由上层监控系统协调控制所有模块的运行，从而使模块化并联易于实现。最后，针对多模块并联系统的可靠运行，设计了多模块并联系统的运行控制策略及两级采样方案，同时设计了一种基于平均值调节的模块间均流策略，最大程度地保证了每一模块指令电流的一致性，最后设计模块的复合限流策略，以保证各模块能在自身容量范围内完成补偿电流的输出。实验验证了本章提出的多模块并联策略的有限性。

5.1 模块化 SAPF 系统模型

5.1.1 单模块 SAPF 建模

单模块 SAPF 的结构如图 5.1 所示。

图 5.1 中所示，每个 SAPF 模块都通过 LCL 滤波器连接 PCC（公共连接点），从而连接到电网。L_1、L_2、R_d、C_f和 L_g分别代表逆变器侧电感、网侧电感、阻尼电阻、滤波电容和电网阻抗。i_{ref}为根据 CT 采样的负载电流，通过滑动离散傅里叶变换来计算谐波参考电流。

每个 SAPF 都有独立的控制器、直流母线和 LCL 滤波器。系统输出幅值相等、相位相反的补偿电流来消除 PCC 谐波，从而提高电网电能质量。SAPF 采用的控制器为第 3 章介绍的重复控制+PI 双环控制器，并通过 SPWM 调制产生调制波。

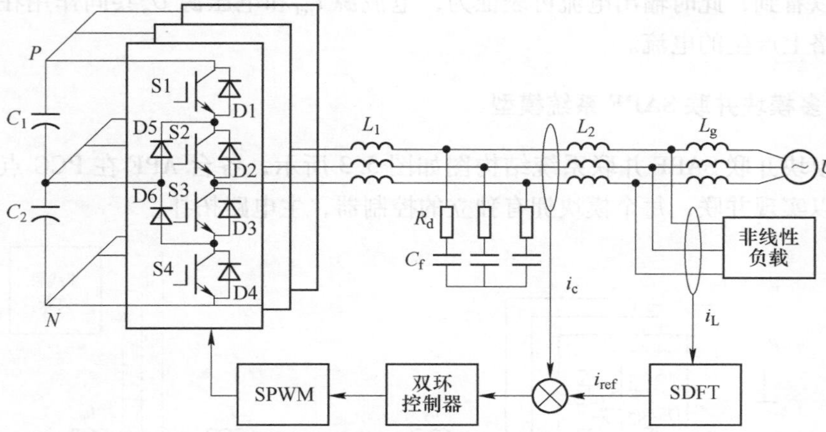

图 5.1 单模块 SAPF 结构及控制系统图

可以看出，SAPF 本质上是一个带输出电流反馈控制的受控电流源，因此可以利用诺顿等效将该模型简化为图 5.2 所示的等效电路图。

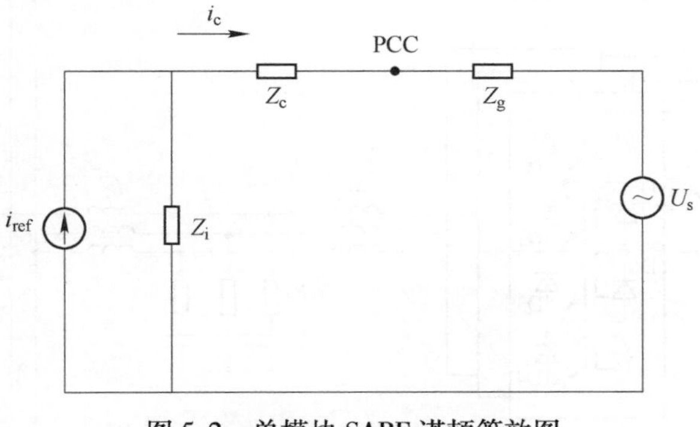

图 5.2 单模块 SAPF 诺顿等效图

图 5.2 中，i_{ref}为提取的指令电流值，i_c为 SAPF 输出电流值；Z_i为电流源并联内阻抗，用于表征输出电流与参考电流的差值。当控制完全精准的时候，Z_i为无穷大，Z_c为 PCC 点电压对 SAPF 的阻抗，用于表征 PCC 点电压对输出电流的影响，故以下将Z_i称为并联阻抗，Z_c称为串联阻抗，Z_g为电网阻抗，一般电网为纯感性负载，U_s为电网电压。

由叠加原理可得输出电流和 PCC 点电压为：

$$U_{PCC} = i_{ref}\frac{Z_i Z_g}{Z_i + Z_c + Z_g} + U_s\frac{Z_i + Z_c}{Z_i + Z_c + Z_g} \tag{5-1}$$

$$i_c = i_{ref}\frac{Z_i}{Z_i + Z_c + Z_g} - U_s\frac{1}{Z_i + Z_c + Z_g} \tag{5-2}$$

可以看到，此时输出电流可表征为，电流源 i_{ref} 和电压源 U_{s} 共同作用在等效阻抗网络上产生的电流。

5.1.2　多模块并联 SAPF 系统模型

多模块并联 SAPF 并联系统结构图如图 5.3 所示，各台 APF 在 PCC 点处进行连接以实现并联，每个模块拥有独立的控制器，主电路拓扑。

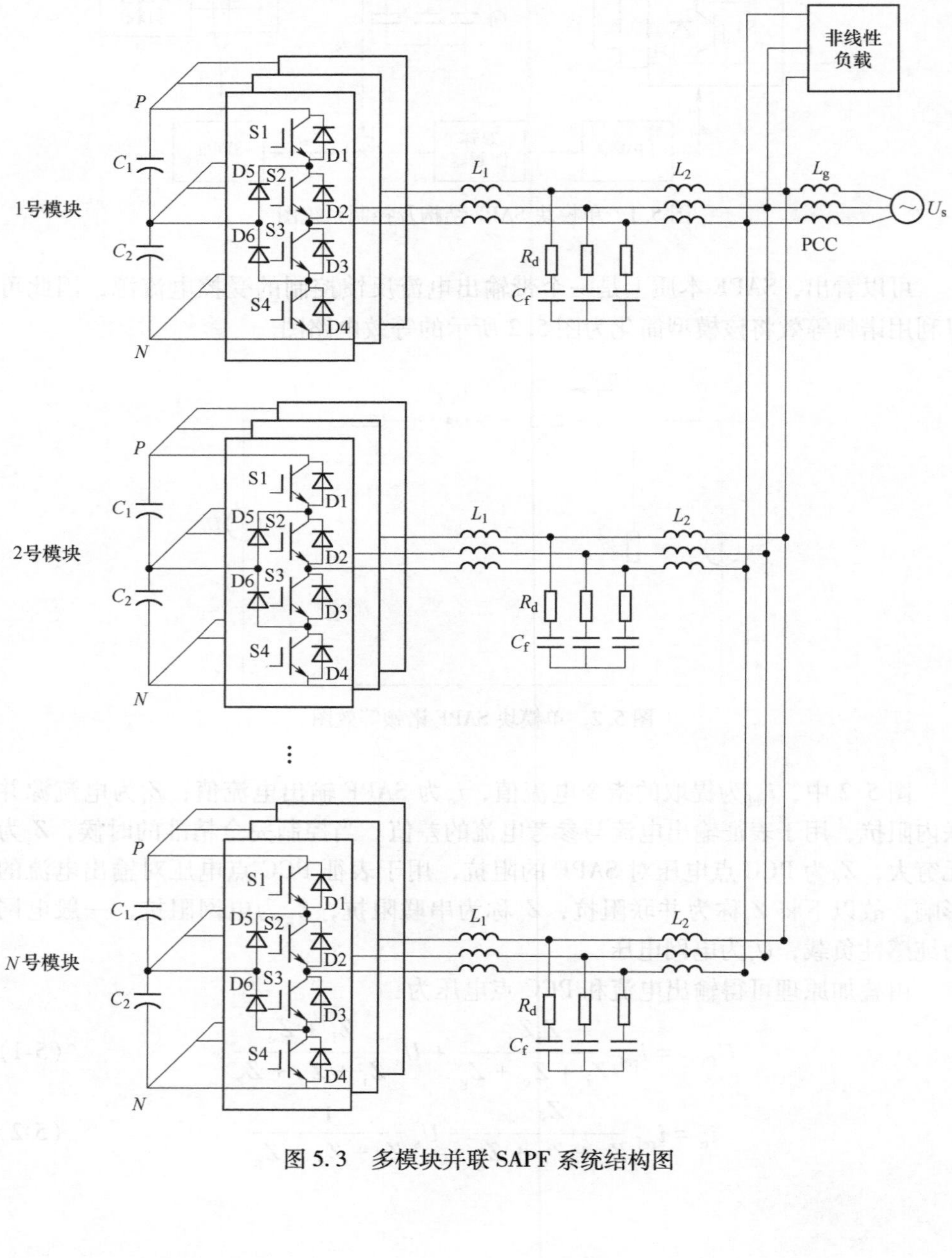

图 5.3　多模块并联 SAPF 系统结构图

多模块并联系统的诺顿等效原理图如图 5.4 所示，$i_{\mathrm{ref}k}$为第 k 台 APF 的指令电流，U_s为电网电压，Z_{ik}和 Z_{ck}分别为第 k 台 APF 诺顿等效后的并联阻抗和串联阻抗，Z_g为电网阻抗。

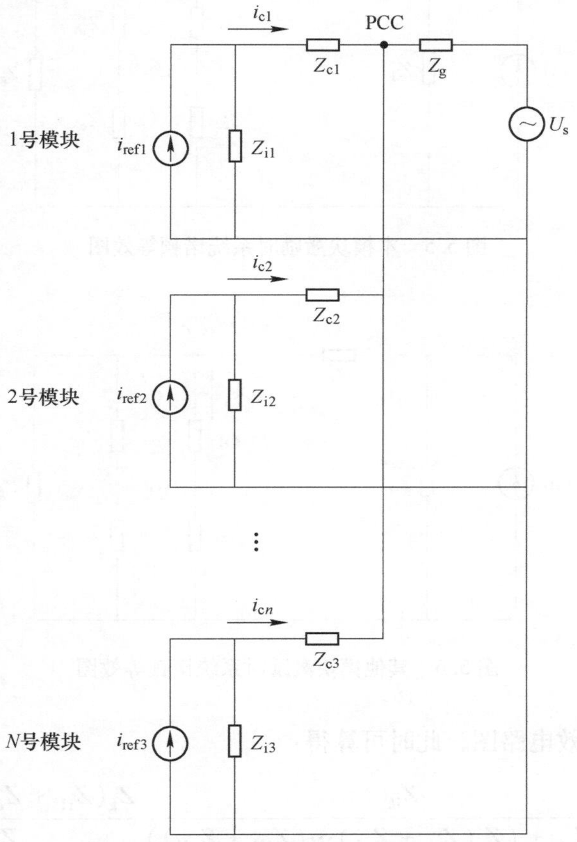

图 5.4 多模块并联 SAPF 系统诺顿等效图

根据以上模型可知，此时每个模块输出电流共受 $N+1$ 个激励源影响，根据激励方式可将其分为三种激励源：本模块指令电流、其他模块指令电流、电网电压。下面将以 1 号模块为例，分别对这三种激励源对 1 号模块的输出电流的影响进行分析。

（1）本模块激励时，此时系统激励等效电路图如图 5.5 所示。

根据等效电路图，此时可算得 1 号模块的输出电流为：

$$i_{c1} = i_{\mathrm{ref1}} \frac{Z_{i1}}{Z_{i1} + Z_{c1} + (Z_g (Z_{i1} + Z_{c1}) \cdots (Z_{iN} + Z_{cN}))} \tag{5-3}$$

（2）其他模块激励时，假设来自 k 号模块，此时系统激励等效电路图如图 5.6所示。

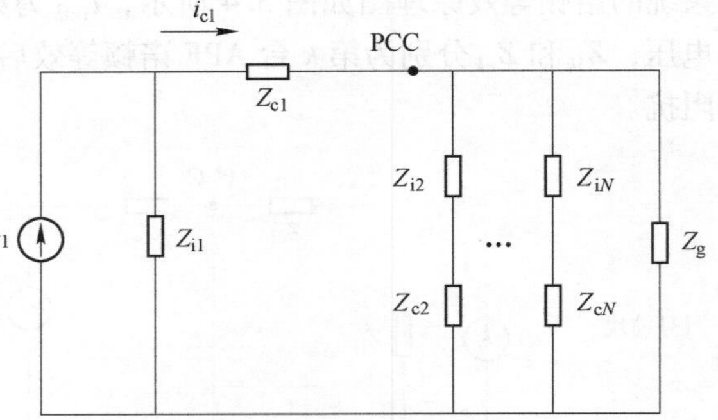

图 5.5　本模块激励时系统诺顿等效图

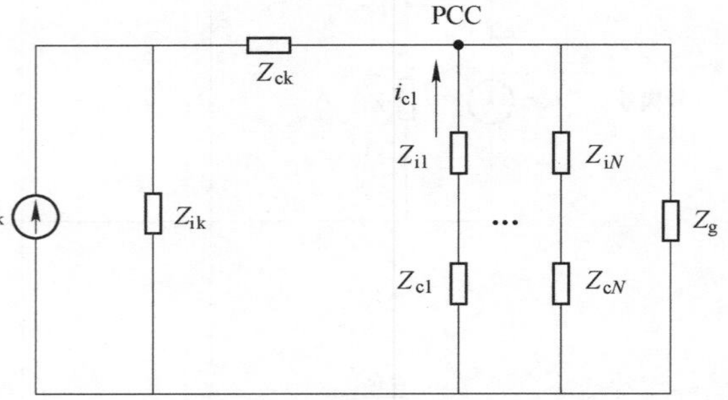

图 5.6　其他模块激励时系统诺顿等效图

根据以上等效电路图，此时可算得：

$$i_{c1} = -i_{refk}\frac{Z_{ik}}{Z_{ik}+Z_{ck}+(Z_g(Z_{i1}+Z_{c1})\cdots(Z_{iN}+Z_{cN}))}\frac{Z_g(Z_{i1}+Z_{c1})\cdots(Z_{iN}+Z_{cN})}{Z_{i1}+Z_{c1}} \tag{5-4}$$

（3）当激励来自电网时，此时系统激励等效电路图如图 5.7 所示。

根据以上等效电路图，此时可算得：

$$i_{c1} = -U_s\frac{1}{Z_g+((Z_{i1}+Z_{c1})\cdots(Z_{iN}+Z_{cN}))}\frac{(Z_{i1}+Z_{c1})\cdots(Z_{iN}+Z_{cN})}{Z_{i1}+Z_{c1}} \tag{5-5}$$

可以看到，此时三种激励通过复杂的耦合网络，共同对 1 号模块的输出电流产生影响，故此时 1 号模块的输出电流不再仅受 i_{ref1} 的控制，还受到来自其他模块指令电流和电网电流通过复杂耦合阻抗后的影响。

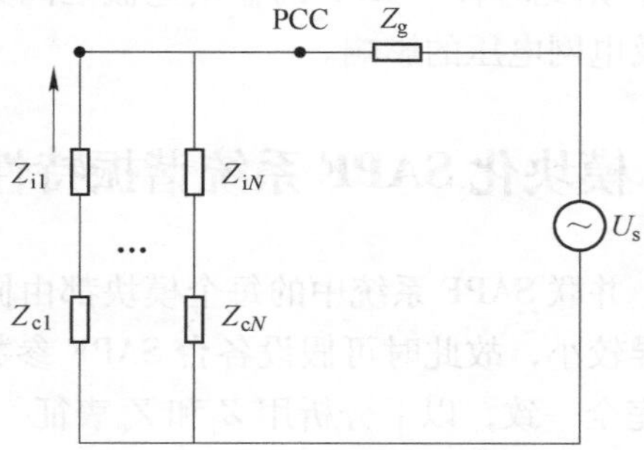

图 5.7 电网激励时诺顿等效图

为简化分析过程，令：

$$A_{11}=\frac{Z_{i1}}{Z_{i1}+Z_{c1}+(Z_g(Z_{i2}+Z_{c2})\cdots(Z_{iN}+Z_{cN}))} \tag{5-6}$$

$$A_{1k}=-\frac{Z_{ik}}{Z_{ik}+Z_{ck}+(Z_g(Z_{i1}+Z_{c1})\cdots(Z_{iN}+Z_{cN}))}\frac{Z_g(Z_{i1}+Z_{c1})\cdots(Z_{iN}+Z_{cN})}{Z_{i1}+Z_{c1}} \tag{5-7}$$

$$B_1=-\frac{1}{Z_g+((Z_{i1}+Z_{c1})\cdots(Z_{iN}+Z_{cN}))}\frac{(Z_{i1}+Z_{c1})\cdots(Z_{iN}+Z_{cN})}{Z_{i1}+Z_{c1}} \tag{5-8}$$

由于以上三个公式分别表征来自三个激励源对输出电流的等效阻抗或等效导纳，故此时将 A_{11}、A_{1k}、B_1 分别称为本模块激励系数、k 模块激励系数、电网激励系数。

根据叠加原理，则有此时 1 号模块的输出电流为：

$$i_{c1}=i_{ref1}A_{11}+\sum_{k=2}^{N}A_{1k}i_{refk}+B_1U_s \tag{5-9}$$

同理可得其他模块输出电流的计算结果，将其整理成矩阵形式为：

$$\begin{bmatrix} i_{c1} \\ \vdots \\ i_{ck} \\ \vdots \\ i_{cN} \end{bmatrix}=\begin{bmatrix} A_{11} & \cdots & A_{1k} & \cdots & A_{1N} \\ \vdots & \ddots & \vdots & \ddots & \vdots \\ A_{k1} & \cdots & A_{kk} & \cdots & A_{kN} \\ \vdots & \ddots & \vdots & \ddots & \vdots \\ A_{N1} & \cdots & A_{Nk} & \cdots & A_{NN} \end{bmatrix}\begin{bmatrix} i_{ref1} \\ \vdots \\ i_{refk} \\ \vdots \\ i_{refN} \end{bmatrix}+\begin{bmatrix} B_1 \\ \vdots \\ B_k \\ \vdots \\ B_N \end{bmatrix}U_s \tag{5-10}$$

综合上述分析可得以下两个结论：

(1) 多模块 APF 并联系统中，各台 APF 之间及其与电网之间通过复杂的阻抗网络耦合在一起，单模块的网侧输出电流不仅与自身指令电流有关，还受其余模块指令电流和电网电压的影响，增加了分析的难度。

(2) 对于刚性电网，电网阻抗趋近于 0（$Z_g\to0$），则来自其他模块的激励的

阻抗系数 A_{1k} 趋近于0，则此时各个APF的输出电流之间完全解耦，单模块的输出只取决于自身参数及电网电压的影响。

5.2　模块化SAPF系统谐振特性分析

由于一般情况下，并联SAPF系统中的每个模块都由同一个厂家同一批次生产，各个模块间的差异较小，故此时可假设各台SAPF参数完全一致，即所有模块的模型中 Z_{ik} 和 Z_{ck} 完全一致，以下分析用 Z_{i} 和 Z_{c} 表征一致的阻抗。

此时各个模块间的互相激励的激励系数由于模块间的阻抗系数完全一致，则互相激励的效应也会是一致的。故激励矩阵可简化为：

$$\begin{cases} A_{jj} = A_{11} \\ A_{ij(i\neq j)} = A_{12} \end{cases} \Rightarrow \begin{pmatrix} A_{11} & A_{12} & \cdots & A_{12} \\ A_{12} & A_{11} & \cdots & A_{12} \\ \cdots & \cdots & \cdots & \cdots \\ A_{12} & A_{12} & \cdots & A_{11} \end{pmatrix} \tag{5-11}$$

此时，对1号模块来讲，其输出电流为：

$$i_{\mathrm{c1}} = i_{\mathrm{ref1}} A_{11} + \sum_{k=2}^{N} A_{12} i_{\mathrm{ref}k} + B_1 U_{\mathrm{s}} \tag{5-12}$$

同时，式（5-6）、式（5-7）、式（5-8）可化简为：

$$A_{11} = \frac{Z_{\mathrm{i}}}{NZ_{\mathrm{g}} + Z_{\mathrm{i}} + Z_{\mathrm{c}}} + \frac{(N-1)Z_{\mathrm{g}}Z_{\mathrm{i}}}{(NZ_{\mathrm{g}} + Z_{\mathrm{i}} + Z_{\mathrm{c}})(Z_{\mathrm{i}} + Z_{\mathrm{c}})} \tag{5-13}$$

$$A_{12} = -\frac{Z_{\mathrm{g}}Z_{\mathrm{i}}}{(NZ_{\mathrm{g}} + Z_{\mathrm{i}} + Z_{\mathrm{c}})(Z_{\mathrm{i}} + Z_{\mathrm{c}})} \tag{5-14}$$

$$B_1 = -\frac{1}{NZ_{\mathrm{g}} + Z_{\mathrm{i}} + Z_{\mathrm{c}}} \tag{5-15}$$

观察上式可以发现，在多模块并联系统中，本模块激励由于其他模块阻抗耦合产生的系数，与其他模块激励时产生的激励系数，数值上正好相差 $N-1$ 倍。因此，若进一步控制所有模块的参考电流全部一致，则可以算得：

$$i_{\mathrm{c1}} = i_{\mathrm{ref}} \frac{Z_{\mathrm{i}}}{Z_{\mathrm{i}} + Z_{\mathrm{c}} + NZ_{\mathrm{g}}} - U_{\mathrm{s}} \frac{1}{Z_{\mathrm{i}} + Z_{\mathrm{c}} + NZ_{\mathrm{g}}} \tag{5-16}$$

对比式（5-2）和式（5-16）可以发现，在假定各台模块软硬件参数一致且指令电流相同的条件下，对于 N 台模块并联系统中其中一台模块而言，电网等效阻抗增加为单台 SAPF 接入电网时电网阻抗的 N 倍。故此种情况下的诺顿等效电路如图 5.8 所示。

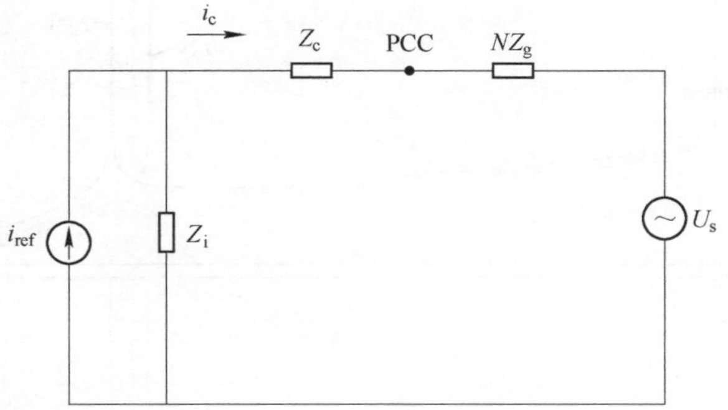

图 5.8 多模块并联 SAPF 系统诺顿等效图

此可以算出 N 模块 SAPF 并联时其中一台的 LCL 滤波器等效谐振频率为

$$f_{resN} = \frac{1}{2\pi}\sqrt{\frac{(L_1 + L_2 + NL_g)}{(L_2 + NL_g)L_1 C_f}} \tag{5-17}$$

而单台工作时，SAPF 的 LCL 滤波器谐振频率为

$$f_{res1} = \frac{1}{2\pi}\sqrt{\frac{(L_1 + L_2 + L_g)}{(L_2 + L_g)L_1 C_f}} \tag{5-18}$$

可见由于多模块并联后电网等效阻抗增大为原来的 N 倍，致使并联系统中其中任意一台的等效谐振频率低于单模块连接电网时的谐振频率。图 5.9 为 1 台、3 台、6 台模块并联时的开环频率特性。

可以看出，随着并联模块数的增加，谐振频率点逐渐向低频方向移动，当并联模块数为 6 时，谐振频率已降低至 3.18kHz，而一般 APF 的补偿频率带宽设置为 50 次以内，即 2.5kHz，故随着并联模块数的进一步增加，谐振频率极有可能降低至补偿带宽以内，影响系统性能和稳定性。

根据相应设计原则，为保证指令电流的跟踪精度，要求 LCL 型滤波器中逆变桥侧与并网侧的总电感量一般遵循如下关系[174,175]：

$$L \leqslant \frac{0.1U_s^2}{2\pi f_1 S} \tag{5-19}$$

式中，S 为有源电力滤波器的额定功率，U_s 为电网相电压有效值，f_1 为电网电压基波频率。

根据以上分析可知，在模块化并联 SAPF 系统中，网侧电感对系统影响较大

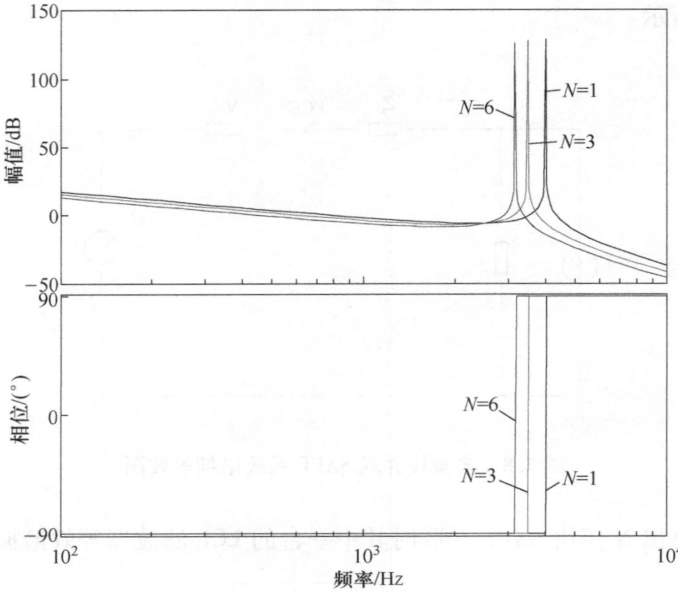

图 5.9　多模块并联 SAPF 系统开环频率特性

而不可忽略，因此，对单个 SAPF 而言，模块的总电感值为 LCL 滤波器的逆变器侧电感、网侧电感、并联 SAPF 系统等效叠加的网侧电感之和，因此为了保证模块化并联 SAPF 系统的稳定运行，需在设计时保证：

$$N \leqslant \frac{\dfrac{0.1U_s^2}{2\pi f_1 S} - L_1 - L_2}{L_g} \tag{5-20}$$

此外，在模块化并联 SAPF 中，LCL 滤波器的谐振频率会随模块数量增加而降低，为保证系统的稳定运行，需保证该谐振频率不小于补偿带宽 f_c，SAPF 的补偿带宽通常为 50 次谐波以内，即 2.5kHz。同时该谐振频率需要不大于系统开关频率的 1/2，即：

$$\frac{L_1 + L_2 - \pi^2 f_s^2 C_f L_1 L_2}{(\pi^2 f_s^2 C_f L_1 - 1)L_g} \leqslant N \leqslant \frac{L_1 + L_2 - \pi^2 f_c^2 C_f L_1 L_2}{(\pi^2 f_c^2 C_f L_1 - 1)L_g} \tag{5-21}$$

根据式（5-20）和式（5-21）两个约束条件，可解得在不同工况条件下，能够参与并联的 SAPF 数量的约束条件，指导现场安装的 SAPF 总数，从而避免在不同工况下，多模块并联 SAPF 系统引谐振产生系统失稳和损坏的情形，提高多模块并联 SAPF 系统的稳定性。

5.3 模块化并联 SAPF 系统的集中控制策略

模块化并联 SAPF 系统的结构如图 5.10 所示，系统由 N 个完全相同的 SAPF 模块和一个总监控单元组成，构成以监控单元为主，各个 SAPF 模块为从模块的主从结构。系统中，每个 SAPF 模块控制器都包括模块控制单元和通讯单元。由总监控单元负责与每个模块进行通讯，完成对整个系统的协调控制。

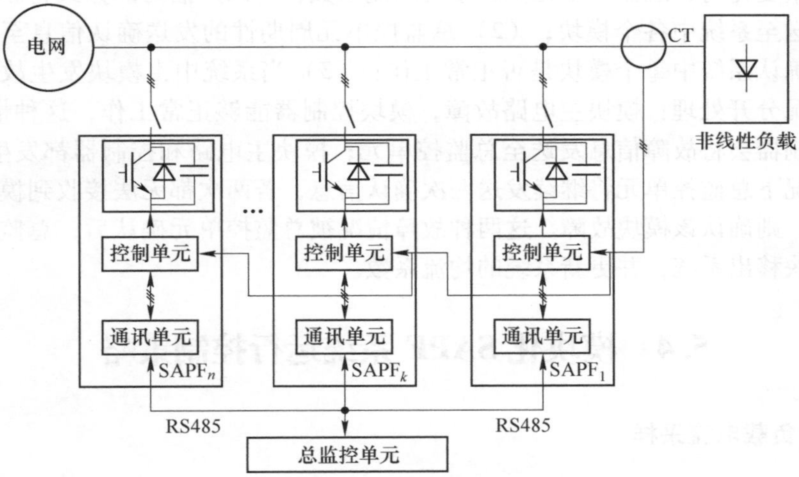

图 5.10 多模块并联 SAPF 系统集中控制图

系统中，每个模块都有属于自己的采样单元、控制单元和通讯单元。这些单元的功能定义如下：采样单元主要负责完成指令信号生成所需的各路信号的二级采样和调理，包括负载电流、补偿电流、直流侧电压、电网电压等。控制单元接收采样单元的输出，完成 AD 转换，并进行谐波电流的提取、跟踪、PWM 驱动信号的调制以及处理各种故障信号。通讯单元主要完成各个模块和上层监控单元的 RS485 通讯。监控单元的作用是实时轮询各模块的运行状态，据此更新和分配各模块补偿任务，同时可根据实际需要更改系统的运行参数。

整个系统的基本工作原理是：上层监控单元实时轮询每个模块的运行状态参数，根据当前可正常运行模块数分配补偿任务，并将此补偿系数通过 RS485 总线通讯传递给各个模块。各模块利用自身控制器独立完成负载电流的检测和谐波电流的提取，然后将总谐波电流乘上接收得到的补偿系数，即可得到本模块最终的指令谐波电流。再通过电流内环的精确跟踪和 SPWM 调制，生成最终的驱动信号控制功率器件开断。当有模块人为关机或者因发生故障停机时，监控单元快速捕捉故障信息并更新补偿系数，确保剩余模块能发挥最佳的负载谐波补偿效果。

同时，每个模块内部均设有软件限流程序，避免出现 APF 过补的情况，提高了可靠性。后续章节将展开具体讨论分析。

可以看出，在集中控制策略中，系统中的 SAPF 模块之间无需互相通讯，各个 SAPF 模块和总监控单元之间通过 RS485 通讯，实现总监控模块实时监控各个 SAPF 模块的运行状态和运行参数，并在总监控单元的显示模块上进行显示，实时对系统的均流系数进行更新并发送至每个模块。

当系统完成组网后，总监控单元根据以下规则实时分配均流系数：（1）当模块数量变化时，总监控单元更新系统均流系数，并以广播写的方式将新的均流系数发送至系统中各个模块；（2）总监控单元周期性的发送确认信息至每个模块，以确认系统中每个模块是否正常工作；（3）当系统中由模块发生故障时分两种情况分开处理：模块主电路故障，模块控制器能够正常工作，这种情况下，模块控制器会将故障信息发送至总监控单元；模块主电路和控制器都发生故障，这种情况下总监控单元将继续发送两次确认信息，若两次都无法接收到模块控制的反馈，则确认该模块故障。这两种故障情况被总监控单元确认后，总监控模块将该模块移出系统，并更新系统的均流系数。

5.4　模块化 SAPF 系统运行控制策略

5.4.1　负载电流采样

由 5.2 节分析可知，各模块指令电流的一致性对减小各模块之间指令电流的互相激励有着重要作用，若指令电流不一致，则会增强各模块间的耦合，从而增加控制的复杂度。因此，为保证各模块指令电流的一致性，设计了如图 5.11 所示的负载电流采样系统。图中 i_s 为三相电网电流，i_L 为三相负载电流，i_{c1}、i_{c2}、…、i_{cN} 分别表示第 N 台模块的三相补偿电流。i_{Lin} 和 i_{Lout} 表示负载端采样 CT 的进线和回线。可见本方案采用二级采样模式，第一级为靠近负载端的 CT，有且仅有一个。每个 APF 内部的控制器电路单独设置霍尔电流传感器和相应的采样调理单元，作为负载电流的第二级采样。

通过将霍尔电流传感器的一次侧串联，只用一个 CT 就能实现所有模块对负载电流的采样。更重要的是，各个模块都是实时同步获取该采样信号，从而避免了模块间负载电流检测不同步的问题。换而言之，该负载电流检测信号可以作为模块并联运行的同步信号，只要各个模块锁相和采样精准，那么依据实时得到的相同的负载电流检测信号，对其进行谐波提取和跟踪补偿，就能保证各模块输出的补偿电流相位是一致的，幅值则根据补偿任务分配而定。整个系统的良好运行，不需要设置其他的同步信号。同时，由于只是将霍尔传感器的源侧串联，不会导致副边侧耦合，故不会引入模块之间的干扰，较好地保证了可靠性。

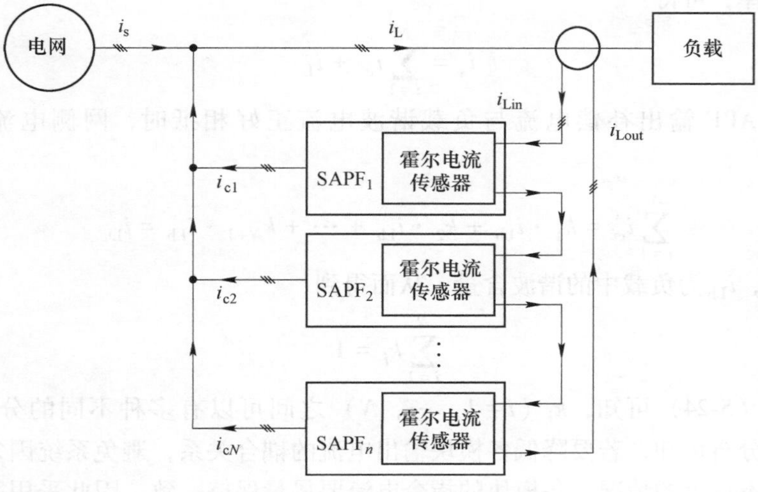

图 5.11 负载电流采样方案

5.4.2 均流控制

图 5.12 为模块化并联 APF 的均流策略原理图。图中，k_1、$k_2 \cdots k_N$ 为每个模块的均流系数，PCC 为各个模块的公共连接点，$i_{c1} \cdots i_{cN}$ 是第 1 到 N 个模块的补偿电流，i_s 为系统电流，$i_{ref1} \cdots i_{refN}$、是第 1 到 N 个模块的指令电流。

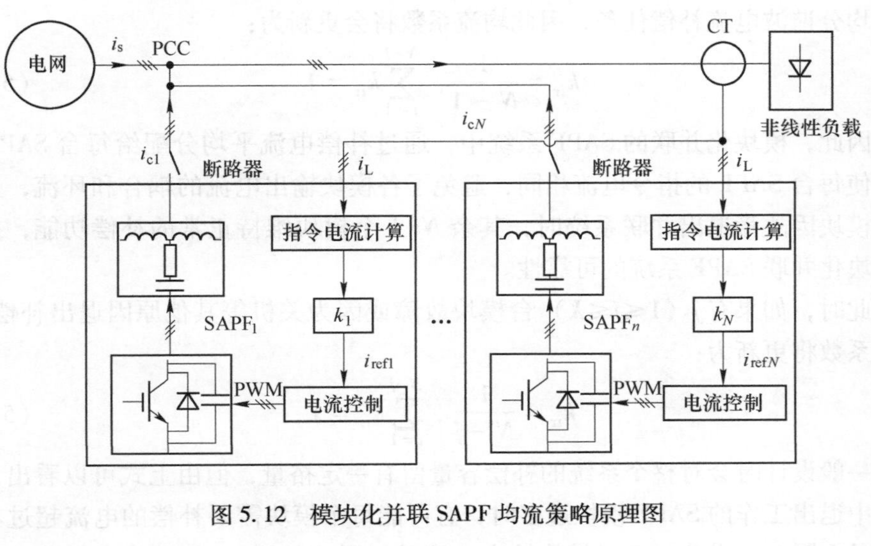

图 5.12 模块化并联 SAPF 均流策略原理图

各模块输出电流共同补偿负载的谐波电流，则对电网公共连接点，由基尔霍夫电流定律，可得：

$$i_s = \sum_{i=1}^{N} i_{ci} + i_L \tag{5-22}$$

当各 APF 输出补偿电流与负载谐波电流正好相抵时，网侧电流为正弦波，即

$$\sum_{i=1}^{N} i_{ci} = k_1 \cdot i_{Lh} + k_2 \cdot i_{Lh} + \cdots + k_{N+1} \cdot i_{Lh} = i_{Lh} \tag{5-23}$$

式中，i_{Lh}为负载中的谐波含量，从而得到：

$$\sum_{i=1}^{N} k_i = 1 \tag{5-24}$$

由式（5-24）可知，k_i（$i=1$，…，N）之间可以有多种不同的分配方案，但由前面分析可知，若要降低各模块输出电流的耦合关系，避免系统因复杂的耦合而产生不稳定的情况，各模块的指令电流要尽量保持一致，因此采用系统中各模块均分谐波补偿任务的均流方式，即 k_i（$i=1$，…，N）可由下式计算：

$$k_i = \frac{1}{N} \tag{5-25}$$

在理想情况下，谐波检测算法可以完全分解出谐波电流中的所有谐波分量，且每个模块的补偿电流都和指令电流之间无误差，即可得到：

$$i_{ci} = k_i i_{Lh} (i = 1, \cdots, N) \tag{5-26}$$

如果一个模块发生故障或因为关机等其他原因退出补偿时，剩余的 $N-1$ 个模块均分谐波电流补偿任务，因此均流系数将会更新为：

$$k_{ir} = \frac{1}{N-1}, \sum_{i=1}^{N-1} k_{ir} = 1 \tag{5-27}$$

因此，模块化并联的 SAPF 系统中，通过补偿电流平均分配给每台 SAPF 模块，使每台 SAPF 的指令电流相同，避免了各模块输出电流的耦合和环流，且当一个模块因故障退出并联系统时，其余 $N-1$ 个模块维持正常的补偿功能，提高了模块化并联 SAPF 系统的可靠性。

此时，如果有 j（$1 \leqslant j \leqslant X$）台模块故障或因为关机等其他原因退出补偿时，均流系数将更新为：

$$k_{ir} = \frac{1}{N-j}, \sum_{i=1}^{N-j} k_{ir} = 1 \tag{5-28}$$

一般设计时会对整个系统的补偿容量留有一定裕量，但由上式可以看出，当系统中退出工作的 SAPF 模块过多时，有可能每个模块需要补偿的电流超过本身的容量上限，如果此时不对模块输出电流进行限流的话，SAPF 将会过载。因此需对 SAPF 模块进行限流。

5.4.3 限流保护

SAPF的功率器件对瞬时过电流非常敏感，短时的过压或者过流都可能造成IGBT器件损坏。常规限流保护策略是通过设置瞬时值限流保护电路，如通过检测直流母线电流信号的正向峰值来得到输出交流电流峰值，当检测到峰值超过设定的阈值时，强制封锁开通的IGBT迫使电路进入续流状态，使得输出电流下降。当输出电流减小到低于限流阈值时，重新使能驱动信号，恢复原有工作状态。此种方法响应快，既有效遏制了冲击电流，又不会造成系统停机。缺点是强制关断IGBT期间输出电压和电流波形畸变严重，此时APF不仅未能有效补偿非线性负载，自身还成为谐波源向公共电网注入大量谐波。此外，根据上述多模块SAPF并联系统运行控制策略的介绍，当有模块人为关机或者故障退出时，其承担的补偿容量将通过调整其余模块补偿系数的方式转移至剩余模块中，当剩余模块总的补偿容量小于非线性负载谐波容量时，就会导致系统中的SAPF模块过容运行，对系统可靠性不利。另外，造成SAPF模块过容运行的可能情况还有两种[173]：(1) PCC点处的非线性负载突增；(2) PCC点处的负载发生短路或断路故障，造成不对称分量补偿的大幅增加。以上三种类型情况造成SAPF过容运行的根本原因是指令电流的突增。若能将每个模块的指令电流实时限制在自身补偿容量范围之内，就能有效防止过容运行情况的出现。提出一种基于SAPF补偿频段设定的复合指令电流限流控制策略，在结合传统的截断限流和比例限流策略基础上，根据补偿频段优化定义谐波指令电流的第一阈值和第二阈值，生成新的复合限流控制策略。

5.4.3.1 截断限流

截断限流的基本原理为：将指令电流中超过上下阈值的部分钳位于阈值，阈值以内的部分被保留。设截断限流为阈值 i_{max}，截断限流处理方式为：

$$i'_{ref}=\begin{cases}-i_{max} & i_{ref}<-i_{max}\\ i_{ref} & -i_{max}\leqslant i_{ref}\leqslant i_{max}\\ i_{max} & i_{ref}>i_{max}\end{cases} \tag{5-29}$$

截断限流的示意图如图5.13所示。

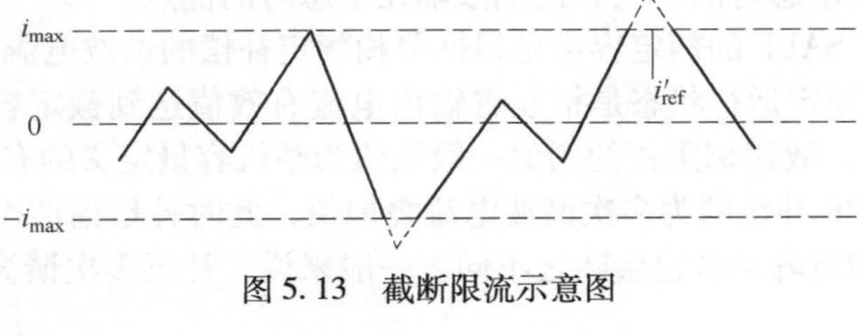

图5.13 截断限流示意图

5.4.3.2　比例限流

比例限流是将上个周期内指令电流的有效值 i_{refrms} 与比例限流阈值 i_{rmsmax} 比较，若指令电流有效值小于输出阈值，则指令电流保持不变；若指令电流有效值大于输出阈值，则乘以比例限幅系数。比例限流的处理方式如下：

$$i'_{ref}=\begin{cases}i_{ref} & \lambda\geqslant 1\\ i_{ref}\times\lambda & \lambda<1\end{cases}\tag{5-30}$$

式中，$\lambda=i_{rmsmax}/i_{refrms}$。比例限流示意图如图 5.14 所示。

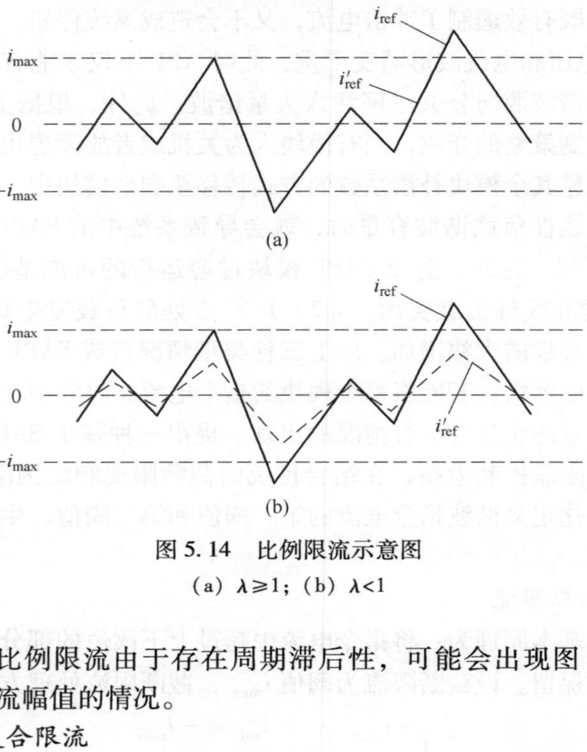

图 5.14　比例限流示意图

(a) $\lambda\geqslant 1$；(b) $\lambda<1$

可以看到，比例限流由于存在周期滞后性，可能会出现图 5.14（a）所示的，超过截断限流幅值的情况。

5.4.3.3　复合限流

截断限流能够实时跟踪指令电流的变化，一旦指令过大即对其进行削顶处理，但是其容易使输出波形产生畸变。而相反，比例限流能够保持波形，不产生畸变，但其在负载突变的情况下，作用速度有一个计算周期的延时，容易导致系统在动态变化时失效。故综合两种限流策略，设计了一种复合限流策略，以充分发挥截断限流在动态时的优点和比例限幅在稳态时的优点。

一般而言，SAPF 的额定容量是根据单相额定补偿的谐波电流有效值 i_{rms} 来定义的，SAPF 的额定运行状态是指装置输出电流有效值达到额定容量定义的谐波电流有效值 i_{rms}，故比例限幅的阈值一般取值为整机容量定义的有效值。

而由于 SAPF 补偿的为多次谐波电流叠加值，此时补偿谐波个数和次数的不同，补偿电流的波峰系数也会随之不同。一般来说，补偿多次谐波甚至是所有特征次谐波时的波峰系数会比只补偿低次谐波或者单次谐波的指令电流大得多。若截断限流阈值为一固定值，则容易出现以下情况：

（1）若将 SAPF 补偿所有特征次谐波时的峰值定义为截断限流的阈值，当 SAPF 补偿低次或单次谐波时，当输出电流达到或超过系统容量有效值时，可能指令电流的幅值尚未达到保护的阈值，故此时不会触发峰值电流保护，而当输出电流峰值达到 i_{max} 时，输出电流有效值已远大于额定电流有效值。

（2）若将 SAPF 补偿单次或若干低次特征谐波时额定运行状态下指令电流的峰值定义为截断限流阈值，那么当 SAPF 补偿所有此特征谐波时，在系统补偿电流尚未达到额定容量时，峰值可能已经超过了截断限流阈值，导致输出电流波形畸变，且 SAPF 容量未充分利用。

由于 SAPF 通常支持选择性谐波补偿，故指令电流的有效值是实际指定次补偿谐波的均方根值，根据之前的分析，补偿不同次数谐波时，指令电流波形的波峰系数是不一样的，为设计一个合理的截断保护阈值，利用典型的三相不控整流桥负载的波峰系数，设置不同补偿条件下的截断电流阈值。

三相不控制整流桥负载各种情况的仿真如图 5.15 所示。表 5.1 列出了不同情况下的指令电流有效值和对应的波峰系数。

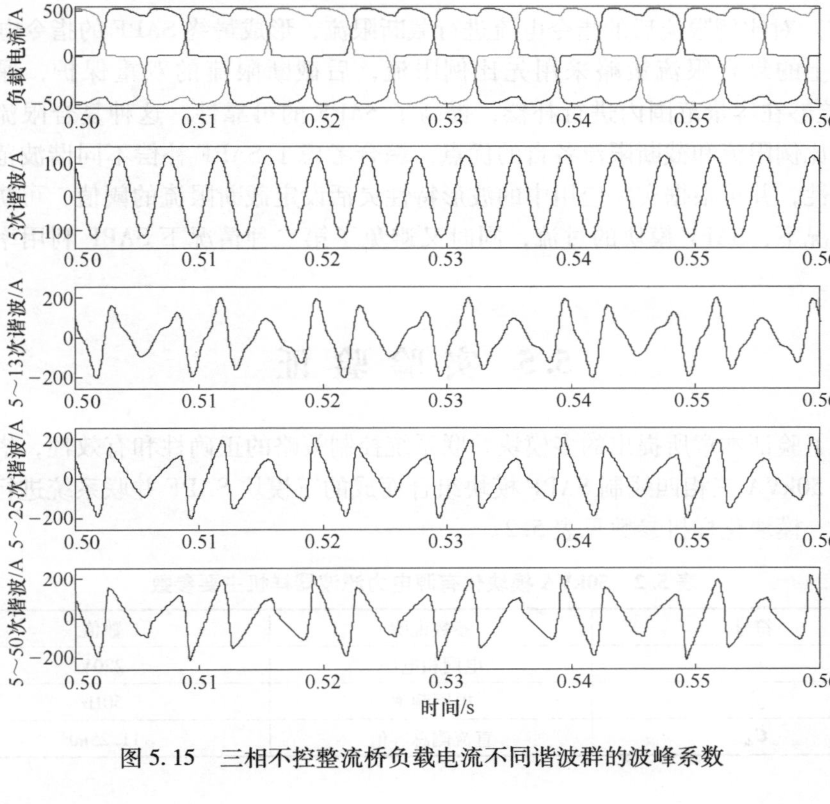

图 5.15 三相不控整流桥负载电流不同谐波群的波峰系数

表 5.1　不同补偿频率指令电流波峰系数

负载电流谐波次数	电流有效值/A	波峰系数
5 次	85.5	1.41
13 次以内	98.3	1.91
25 次以内	99.5	2.24
50 次以内	99.7	2.40

由此可见，随着补偿频率的提高，指令电流的波峰系数随之增大，同之前所述分析相符。故取 SAPF 容量与各情况的波峰系数作为截断限流阈值，即

$$i_{\max}=\begin{cases} i_{\mathrm{rmsmax}}\times 1.41 & h_{\max}=5 \\ i_{\mathrm{rmsmax}}\times 1.91 & h_{\max}\leqslant 13 \\ i_{\mathrm{rmsmax}}\times 2.24 & h_{\max}\leqslant 25 \\ i_{\mathrm{rmsmax}}\times 2.40 & h_{\max}\leqslant 50 \end{cases} \tag{5-31}$$

式中，$h_{\max}$ 为最高补偿次数。

具体的限流步骤为：

（1）根据上一计算周期内的指令有效值，进行比例限流，得到比例限流修正后的指令电流；

（2）对比例限流后的指令电流进行截断限流，形成最终 SAPF 的指令电流。

以上的复合限流策略采用先比例限流，后截断限流的双重保护，保证了 SAPF 能够在容量范围内进行补偿，提高了 SAPF 的可靠性。这种复合限流策略结合了比例限流和截断限流各自的优点，综合考虑了 SAPF 补偿不同谐波范围的谐波特性，并可根据实际应用中的波形特性灵活设定截断限流的阈值，可防止第一种情况下，SAPF 模块的过流，同时又避免了第二种情况下 SAPF 利用率降低的问题。

5.5　实 验 验 证

为了验证本章所提出的多模块并联系统控制策略的正确性和有效性，搭建了由三台 50kVA 三相四线制 SAPF 模块组合而成的三模块 SAPF 并联系统进行一系列实验。模块化样机参数见表 5.2。

表 5.2　50kVA 模块化有源电力滤波器样机主要参数

符号	参数说明	数值
u_s	电网相电压	220V
f_s	电网频率	50Hz
C_{dc}	直流侧总容值	11.25mF

续表5.2

符号	参数说明	数值
L_1	逆变侧电感	180μH
L_2	网侧电感	60μH
C_f	滤波电容	30μF
v_{dc}	直流侧电压	750V
f_{sw}	开关频率	10kHz

5.5.1 三模块并联 SAPF 系统稳态实验

投入三相不控整流桥负载，三模块并联 SAPF 系统三个模块输出电流波形、负载电流波形和补偿后电网电流波形如图 5.16 所示。

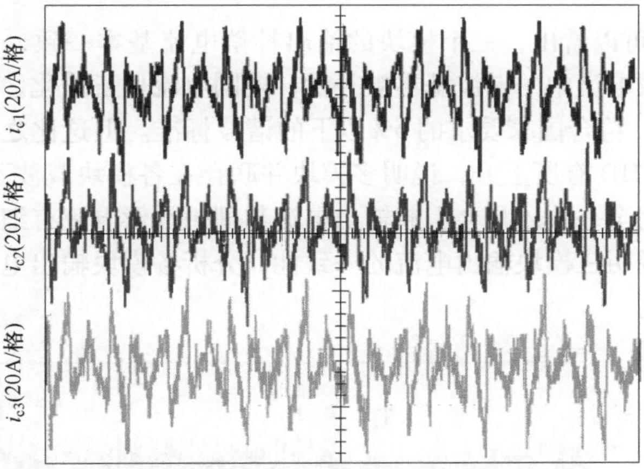

(a)

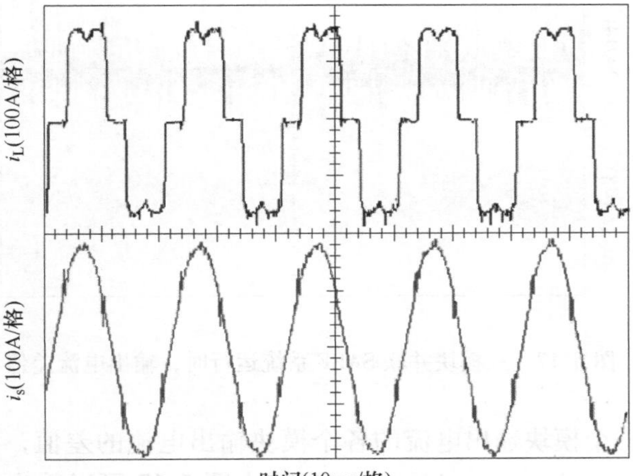

(b)

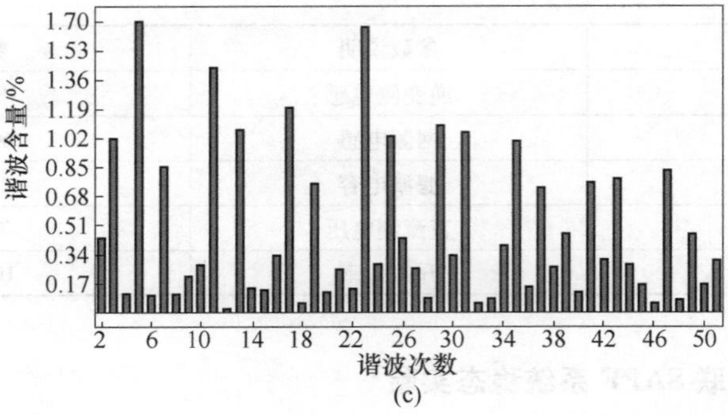

图 5.16　三模块并联 SAPF 系统运行时

（a）三个模块的输出电流波形；（b）负载电流及补偿后电网电流；（c）补偿后电网电流 FFT 分析结果

由图 5.16 可以看出，三个模块的输出补偿电流基本一致，经过三个模块的共同补偿，负载电流中的谐波基本被补偿，电网电流呈正弦化，补偿后电网电流 THD 为 3.98%，符合国家要求的 5%以下的谐波标准。但这比之前的单模块补偿后的电网电流 THD 有所上升，说明多模块并联存在各模块载波不同步，主电路、控制参数等不完全一致还是会引起输出电流与理想补偿电流有细微差别。

为进一步说明三模块输出电流的一致性，分析各模块输出电流的差值，结果如图 5.17 所示。

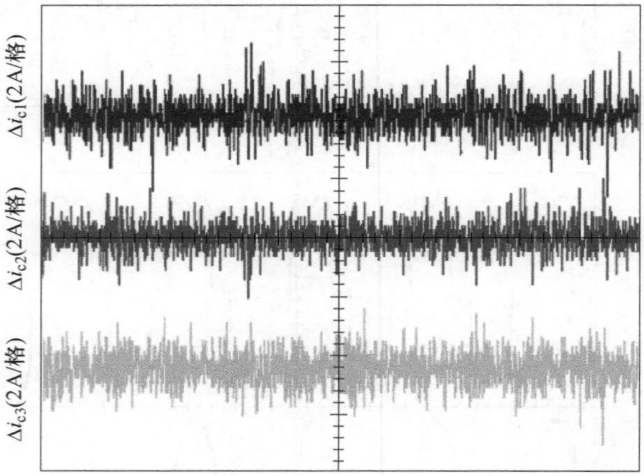

图 5.17　三模块并联 SAPF 系统运行时，输出电流差值

图 5.17 为三个模块输出电流的各个模块输出电流的差值，三个波形分别为 $\Delta i_{c1}=i_{c1}-i_{c2}$，$\Delta i_{c2}=i_{c2}-i_{c3}$，$\Delta i_{c3}=i_{c3}-i_{c1}$。由图 5.17 可以看出，三个模块输出

电流的差值很小，Δi_{c1}、Δi_{c2}、Δi_{c3}的值在零附近波动，且波动量很小，表明模块间均流控制效果良好，各模块实时协同补偿的功能得到了较好的实现。

5.5.2 三模块并联 SAPF 系统动态实验

为验证三模块并联 SAPF 系统的动态调节能力，设置三模块补偿运行时，其中一个模块退出补偿，由剩下两个模块进行补偿的动态实验，实验结果如图 5.18 所示。

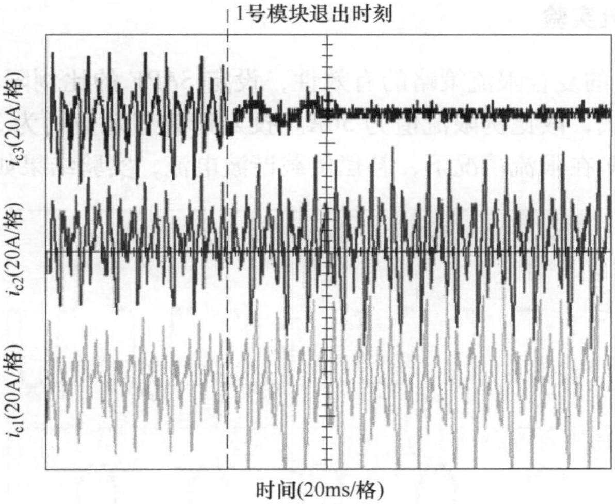

(a)

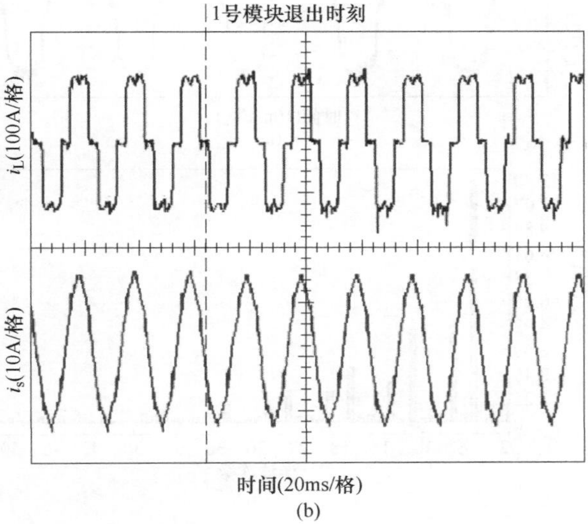

(b)

图 5.18 三模块并联 SAPF 系统动态补偿实验
(a) 三模块补偿电流；(b) 负载电流和补偿后电网电流

由图 5.18 可知，1 号模块退出补偿时，三个模块共同补偿负载谐波，三个模块补偿电流基本一致，此时电网电流呈正弦化，补偿效果良好。当 1 号模块退出补偿后，2 号和 3 号模块很快的响应了 1 号模块退出，输出电流变为原来的 3/2 倍，原来 1 号模块需补偿量被 2 号和 3 号共同补偿。从电网电流看，在 1 号模块退出补偿后，电网电流出现了微小的畸变，但整体的正弦化几乎不受影响。由此表明了集中控制策略和均流控制策略具有良好的动态性能，能在模块运行状态突变时，迅速响应，保证整个多模块并联 SAPF 系统能够正常可靠的补偿负载谐波。

5.5.3　模块限流实验

为验证提出的复合限流策略的有效性，设定 SAPF 的比例限流为 15A，此时 SAPF 全补偿模式，故比例限流值为 36A。投入谐波有效值约为 30A 的三相不控桥负载后，SAPF 在限流情况下，补偿负载谐波电流，实验结果如图 5.19 所示。

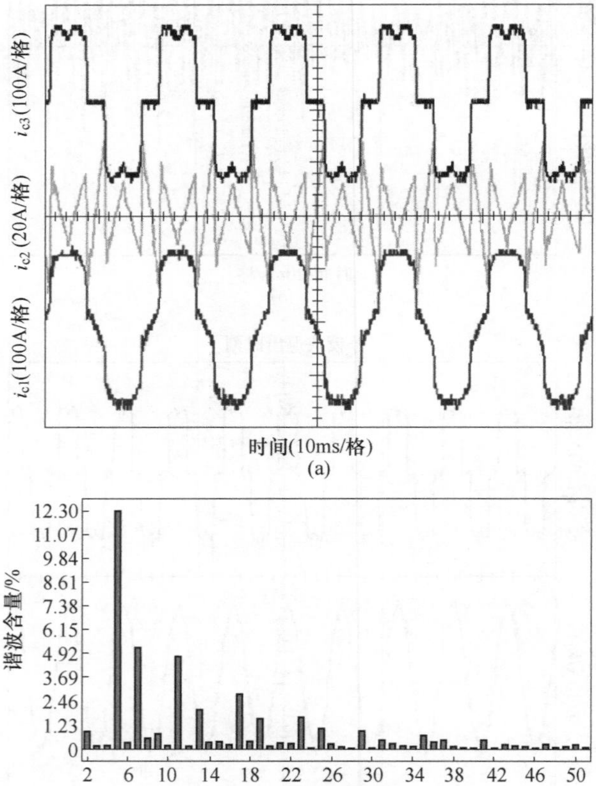

图 5.19　模块限流实验实验结果

（a）负载电流、补偿电流和补偿后电网电流波形；（b）补偿后电网电流 FFT 分析结果由实验结果可以看出，限流运行状态下，模块实际输出电流约为有效值 14.8A 的补偿电流，而负载实际谐波含量约为 30A，此时电网的谐波未被完全补偿，补偿后电网电流谐波 *THD* 仍有 14.8%，而输出电流由于尚未达到截断限流值，故输出电流没有畸变。可以看出，采用的复合限流策略可以合理控制输出电流在限流范围以内，装置可以被限流策略有效保护，不会出现超出限流值运行的情况，提高了 SAPF 运行的可靠性。

6 模块化并联 SAPF 并联系统分层容错控制策略

6.1 引　言

在 SAPF 系统中，功率开关器件及其驱动电路是容易发生损坏的薄弱环节，其可靠性问题一直是该领域的研究热点，但至今尚未得到有效的解决。而提高设备对一种故障或多种类型故障的容错能力可以大大减少余度设计，进一步简化系统结构，因此研究多模块并联系统的容错拓扑及控制策略，对于提高系统可靠性、节省其他资源具有很大的实际意义。本章首先对模块内的容错拓扑及控制策略进行研究，提出一种基于改进开关冗余拓扑的容错控制策略，通过电路重构实现一定的故障容错能力。然后对容错后拓扑的运行模态及电压矢量特征进行分析，并推导得到相应的 SVPWM 控制算法。针对开关冗余 SAPF 存在的电容电压不平衡问题，通过分析电流输出不平衡的机理和直流中点电位偏移对补偿性能的影响，提出了一种具有中点电位偏移补偿能力的矢量控制方法。其次，本章对模块间的容错方法进行了分析，根据多模块 SAPF 并联系统的运行控制特点，提出一种基于分相控制和总线通讯的容错控制策略，并且讨论了模块间补偿容量的转移机制，分析了故障后三相不对称电路特性及对补偿性能的影响。

6.2 基于开关冗余的模块内容错方法

第 1 章提到的开关冗余拓扑可用于实现单个开关器件开路、短路或某相桥臂开路的容错，但对于桥臂直通故障，该拓扑不具备容错能力。故首先对该开关冗余容错拓扑进行了改进，把快速熔断丝移至每相桥臂中进行串联，得到改进的开关冗余 SAPF 拓扑如图 6.1 所示。其中 $F_1 \sim F_6$ 为 6 个快速熔断丝，T_a、T_b、T_c 为三个双向晶闸管。开关冗余 SAPF 电路结构简单，为实现容错只需增加三个双向晶闸管，无需增加多余的开关器件和辅助电路，适用于高功率密度的模块化 SAPF 应用场合。

正常运行时，T_a、T_b、T_c 处于关断状态，当某一桥臂（以 c 相为例）的功率器件发生短路或者开路故障时，首先异常桥臂被迅速切除，然后相应的双向晶闸管（即 T_c）被触发导通，重构如图 6.1 中所示的容错运行拓扑。通过将直流侧电容中点引出至故障相输出侧，由分裂电容提供故障桥臂的输出能力，从而依旧维持三相基本良好的谐波补偿能力。

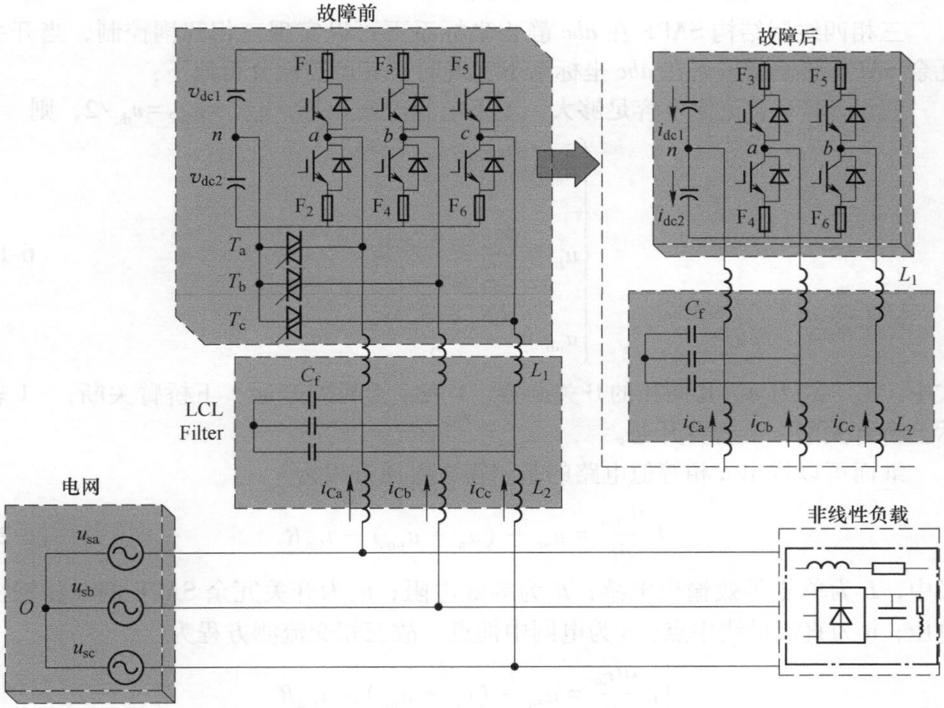

图 6.1 改进的开关冗余 SAPF 拓扑

需要注意的是，由于容错后的开关冗余 SAPF 运行过程中，会出现直流侧母线某一电容与输出端形成通路的情况，故为了维持 SAPF 的正常输出能力，必须保证直流母线的两个分裂电容电压值都大于系统线电压峰值，即开关冗余 SAPF 的直流侧电压较之于三相六开关 CAPF 偏高，且必须高于两倍交流侧线电压峰值。

此外，需要声明的是，有效的容错控制策略需要有故障诊断及隔离技术的配合，但故障诊断和隔离技术不在研究范畴之内，具体方法可参见文献。接下来推导验证容错后的开关冗余 SAPF 其三相输出电流依旧是可控的。

6.2.1 开关冗余 SAPF 的可控性分析

开关冗余 SAPF 的参考电流方向如图 6.1 所示，并作下列假设：

(1) 电网电压理想（即三相电压对称且仅含正序基波分量）；

（2）忽略线路阻抗；

（3）暂不考虑开关管导通压降和损耗；

（4）三相输出滤波器简化为单电感考虑，且滤波电感 L 及内阻 R 均相等。

6.2.1.1 三相 *abc* 静止坐标下的可控性

三相四线制结构 SAPF 在 *abc* 静止坐标系下可以实现三相解耦控制，当开关冗余 SAPF 的控制策略在 *abc* 坐标系下实现时，其可控性分析如下：

假设 SAPF 直流侧电容足够大，上下电容电压相等，$v_{dc1}=v_{dc2}=v_{dc}/2$，则

$$\begin{cases} u_a = \dfrac{S_a v_{dc}}{2} \\ u_b = \dfrac{S_b v_{dc}}{2} \\ u_{ab} = \dfrac{(S_a - S_b) v_{dc}}{2} \end{cases} \tag{6-1}$$

式中，S_a、S_b 为 A、B 两相的开关函数，1 表示上桥臂开通，下桥臂关断，−1 表示上桥臂关断，下桥臂开通。

继而可以推出 a 相等值电路的基尔霍夫电压方程为

$$L\frac{di_{Ca}}{dt} = u_{sa} - (u_a + u_{no}) - i_{Ca}R \tag{6-2}$$

式中，L 为单相等效输出电感；R 为等效电阻；u_a 为开关冗余 SAPF 的 a 相输出电压；n 为直流母线中点；o 为电网中性点。故三相交流测方程为：

$$\begin{cases} L\dfrac{di_{Ca}}{dt} = u_{sa} - (u_a + u_{no}) - i_{Ca}R \\ L\dfrac{di_{Cb}}{dt} = u_{sb} - (u_b + u_{no}) - i_{Cb}R \\ L\dfrac{di_{Cc}}{dt} = u_{sc} - (u_c + u_{no}) - i_{Cc}R \end{cases} \tag{6-3}$$

考虑三相输出电压、电流瞬时值之和为零，由式（6-3）可得

$$v_{no} = \frac{1}{3}(u_a + u_b) = \frac{1}{6}(S_a + S_b) v_{dc} \tag{6-4}$$

将式（6-4）代入式（6-3），可得开关冗余 SAPF 的三相输出电压为

$$\begin{cases} u_a = \dfrac{1}{6}(2S_a - S_b) v_{dc} \\ u_b = \dfrac{1}{6}(-S_a + 2S_b) v_{dc} \\ u_c = \dfrac{1}{6}(-S_a - S_b) v_{dc} \end{cases} \tag{6-5}$$

将 $v_{dc}=v_{dc1}+v_{dc2}$ 代入，式（6-5）可写为

$$\begin{cases} u_a = \dfrac{1}{6}(1+2S_a-S_b)v_{dc1}+\dfrac{1}{6}(-1+2S_a-S_b)v_{dc2} \\ u_b = \dfrac{1}{6}(1-S_a+2S_b)v_{dc1}+\dfrac{1}{6}(-1-S_a+2S_b)v_{dc2} \\ u_c = \dfrac{1}{6}(-2-S_a-S_b)v_{dc1}+\dfrac{1}{6}(2-S_a-S_b)v_{dc2} \end{cases} \tag{6-6}$$

方便表述，写成矩阵形式为

$$\begin{bmatrix} u_a \\ u_b \\ u_c \end{bmatrix} = \frac{1}{6}(v_{dc1}\boldsymbol{AF}_1+v_{dc2}\boldsymbol{AF}_2) \tag{6-7}$$

式中，$\boldsymbol{A}=\begin{bmatrix} 2 & -1 & -1 \\ -1 & 2 & -1 \\ -1 & -1 & 2 \end{bmatrix}$，$\boldsymbol{F}_1=\begin{bmatrix} S_a \\ S_b \\ -1 \end{bmatrix}$，$\boldsymbol{F}_2=\begin{bmatrix} S_a \\ S_b \\ 1 \end{bmatrix}$。

故开关冗余 SAPF 在三相 abc 静止坐标系下的控制方程可表示为

$$L\begin{bmatrix} \dfrac{di_{Ca}}{dt} \\ \dfrac{di_{Cb}}{dt} \\ \dfrac{di_{Cc}}{dt} \end{bmatrix} = \begin{bmatrix} u_{sa} \\ u_{sb} \\ u_{sc} \end{bmatrix} - R\begin{bmatrix} i_{Ca} \\ i_{Cb} \\ i_{Cc} \end{bmatrix} - \frac{1}{6}(v_{dc1}\boldsymbol{AF}_1+v_{dc2}\boldsymbol{AF}_2) \tag{6-8}$$

由式（6-6）和式（6-8）可知，开关冗余 SAPF 的输出电压电流可以表达为以电感电流为状态变量，A 相和 B 相开关函数为控制对象的数学模型，只需加以合适的组合控制，即可实现三相电流的可控输出，达到预期的补偿效果。

进一步地，假设流经上下电容的电流分别为 i_{dc1} 和 i_{dc2}，则有

$$\begin{cases} i_{dc1}+i_{dc2}=S_a i_a+S_b i_b \\ i_{dc1}+i_{Cc}=i_{dc2} \end{cases} \tag{6-9}$$

从而可以解得 abc 坐标系下以电容电流为状态变量的开关函数模型为

$$\begin{cases} i_{dc1}=C_{dc1}\dfrac{dv_{dc1}}{dt}=\dfrac{1}{2}(S_a i_a+S_b i_b-i_{Cc}) \\ i_{dc2}=C_{dc2}\dfrac{dv_{dc2}}{dt}=\dfrac{1}{2}(S_a i_a+S_b i_b+i_{Cc}) \end{cases} \tag{6-10}$$

6.2.1.2 三相 dq 同步旋转坐标系下的可控性

dq 同步旋转坐标变换用于将三相交流量变换为两相直流量，以 d 轴和 q 轴分

量分别表示有功和无功分量，从而利于 *SAPF* 基波有功、无功和谐波分量的独立控制，开关冗余 SAPF 的控制策略也可在此坐标系下实现，其可控性分析如下：

首先列写典型的 Park 变换矩阵 T_P 如下：

$$T_P = \frac{2}{3}\begin{bmatrix} \cos\theta & \cos\left(\theta - \frac{2\pi}{3}\right) & \cos\left(\theta + \frac{2\pi}{3}\right) \\ \sin\theta & \sin\left(\theta - \frac{2\pi}{3}\right) & \sin\left(\theta + \frac{2\pi}{3}\right) \\ \frac{1}{2} & \frac{1}{2} & \frac{1}{2} \end{bmatrix} \tag{6-11}$$

将式（6-8）进行上述变换可得

$$LT_P\begin{bmatrix} \frac{di_{Ca}}{dt} \\ \frac{di_{Cb}}{dt} \\ \frac{di_{Cc}}{dt} \end{bmatrix} = T_P\begin{bmatrix} u_{sa} \\ u_{sb} \\ u_{sc} \end{bmatrix} - RT_P\begin{bmatrix} i_{Ca} \\ i_{Cb} \\ i_{Cc} \end{bmatrix} - \frac{1}{6}T_P(v_{dc1}\boldsymbol{AF}_1 + v_{dc2}\boldsymbol{AF}_2) \tag{6-12}$$

考虑到开关冗余 SAPF 只有两相开关器件可控，故 Park 变换矩阵可以简化为

$$T_{Ps} = \begin{bmatrix} \cos\theta & \cos\left(\theta - \frac{2\pi}{3}\right) \\ \sin\theta & \sin\left(\theta - \frac{2\pi}{3}\right) \end{bmatrix} \tag{6-13}$$

对应的简化后 Park 反变换矩阵为

$$T_{Ps}^{-1} = \frac{2}{\sqrt{3}}\begin{bmatrix} \sin\left(\theta + \frac{\pi}{3}\right) & -\cos\left(\theta + \frac{\pi}{3}\right) \\ \sin\theta & -\cos\theta \end{bmatrix} \tag{6-14}$$

从而 *dq* 旋转坐标系下的开关函数可以表示为

$$\begin{bmatrix} S_d \\ S_q \end{bmatrix} = T_{Ps}\begin{bmatrix} S_a \\ S_b \end{bmatrix} \tag{6-15}$$

各相对电网中性点的电压可以表示为

$$\frac{T_{Ps}}{6}(v_{dc1}\boldsymbol{AF}_1 + v_{dc2}\boldsymbol{AF}_2) = \frac{1}{3}\begin{bmatrix} S_d v_{dc} + v_{dd} \\ S_q v_{dc} + v_{qq} \\ 0 \end{bmatrix} \tag{6-16}$$

式中，$v_{dd} = -\cos\left(\theta + \frac{2\pi}{3}\right)(v_{dc1} - v_{dc2})$，$v_{qq} = -\sin\left(\theta + \frac{2\pi}{3}\right)(v_{dc1} - v_{dc2})$。

将式（6-16）代入式（6-12）得

$$L\begin{bmatrix}\dfrac{\mathrm{d}i_{\mathrm{Cd}}}{\mathrm{d}t}\\ \dfrac{\mathrm{d}i_{\mathrm{Cq}}}{\mathrm{d}t}\end{bmatrix}=\begin{bmatrix}U_{\mathrm{sm}}\\0\end{bmatrix}-\begin{bmatrix}R & \omega L\\ -\omega L & R\end{bmatrix}\begin{bmatrix}i_{\mathrm{Cd}}\\ i_{\mathrm{Cq}}\end{bmatrix}-\frac{1}{3}\begin{bmatrix}S_{\mathrm{d}}v_{\mathrm{dc}}+v_{\mathrm{dd}}\\ S_{\mathrm{q}}v_{\mathrm{dc}}+v_{\mathrm{qq}}\end{bmatrix} \tag{6-17}$$

式中，U_{sm}为电网电压峰值。

将式（6-15）代入式（6-10）有

$$\begin{cases}C_{\mathrm{dc1}}\dfrac{\mathrm{d}v_{\mathrm{dc1}}}{\mathrm{d}t}=\dfrac{1}{2}(\alpha_{11}i_{\mathrm{Cd}}+\alpha_{12}i_{\mathrm{Cq}})\\ C_{\mathrm{dc2}}\dfrac{\mathrm{d}v_{\mathrm{dc2}}}{\mathrm{d}t}=\dfrac{1}{2}(\alpha_{21}i_{\mathrm{Cd}}+\alpha_{22}i_{\mathrm{Cq}})\end{cases} \tag{6-18}$$

C_{dc1}和C_{dc2}分别为上下电容值，式（6-18）中四个系数为

$$\begin{cases}\alpha_{11}=S_{\mathrm{a}}\cos\theta+S_{\mathrm{b}}\cos\left(\theta-\dfrac{2\pi}{3}\right)-\cos\left(\theta+\dfrac{2\pi}{3}\right)\\ \alpha_{12}=S_{\mathrm{a}}\sin\theta+S_{\mathrm{b}}\sin\left(\theta-\dfrac{2\pi}{3}\right)-\sin\left(\theta+\dfrac{2\pi}{3}\right)\\ \alpha_{21}=S_{\mathrm{a}}\cos\theta+S_{\mathrm{b}}\cos\left(\theta-\dfrac{2\pi}{3}\right)+\cos\left(\theta+\dfrac{2\pi}{3}\right)\\ \alpha_{22}=S_{\mathrm{a}}\sin\theta+S_{\mathrm{b}}\sin\left(\theta-\dfrac{2\pi}{3}\right)+\sin\left(\theta+\dfrac{2\pi}{3}\right)\end{cases} \tag{6-19}$$

由于$v_{\mathrm{dc}}=v_{\mathrm{dc1}}+v_{\mathrm{dc2}}$，可得

$$C_{\mathrm{dc1}}C_{\mathrm{dc2}}\frac{\mathrm{d}v_{\mathrm{dc}}}{\mathrm{d}t}=\frac{1}{2}C_{\mathrm{dc1}}(\alpha_{21}i_{\mathrm{Cd}}+\alpha_{22}i_{\mathrm{Cq}})+\frac{1}{2}C_{\mathrm{dc2}}(\alpha_{11}i_{\mathrm{Cd}}+\alpha_{12}i_{\mathrm{Cq}}) \tag{6-20}$$

一般而言，$C_{\mathrm{dc1}}=C_{\mathrm{dc2}}=C$，则有

$$\frac{\mathrm{d}v_{\mathrm{dc}}}{\mathrm{d}t}=\frac{1}{2C}[(\alpha_{11}+\alpha_{21})i_{\mathrm{Cd}}+(\alpha_{12}+\alpha_{22})i_{\mathrm{Cq}}] \tag{6-21}$$

根据式（6-19）有

$$\begin{cases}\alpha_{11}+\alpha_{21}=2S_{\mathrm{a}}\cos\theta+2S_{\mathrm{b}}\cos\left(\theta-\dfrac{2\pi}{3}\right)=2S_{\mathrm{d}}\\ \alpha_{12}+\alpha_{22}=2S_{\mathrm{a}}\sin\theta+2S_{\mathrm{b}}\sin\left(\theta-\dfrac{2\pi}{3}\right)=2S_{\mathrm{q}}\end{cases} \tag{6-22}$$

整理式（6-17）~式（6-22）可得开关冗余 SAPF 在 dq 旋转坐标系下的控制方程为

$$\begin{cases} \dfrac{\mathrm{d}i_{\mathrm{Cd}}}{\mathrm{d}t} = \dfrac{U_{\mathrm{sm}}}{L} - \dfrac{R}{L}i_{\mathrm{Cd}} - \omega i_{\mathrm{Cq}} - \dfrac{1}{3L}(S_{\mathrm{d}}v_{\mathrm{dc}} + v_{\mathrm{dd}}) \\ \dfrac{\mathrm{d}i_{\mathrm{Cq}}}{\mathrm{d}t} = \omega i_{\mathrm{Cd}} - \dfrac{R}{L}i_{\mathrm{Cq}} - \dfrac{1}{3L}(S_{\mathrm{q}}v_{\mathrm{dc}} + v_{\mathrm{qq}}) \\ \dfrac{\mathrm{d}v_{\mathrm{dc}}}{\mathrm{d}t} = \dfrac{1}{C}(S_{\mathrm{d}}i_{\mathrm{Cd}} + S_{\mathrm{q}}i_{\mathrm{Cq}}) \end{cases} \tag{6-23}$$

同理可得，通过合理控制开关函数 S_{d}和 S_{q}，依旧能维持三相输出的可控性。另外，比较故障前和故障后电路在 dq 坐标系下的控制方程可见 v_{dd}和 v_{qq}是开关冗余 APF 的特有项。若开关冗余 SAPF 的直流侧分裂电容电压值相等，即 $v_{\mathrm{dc1}} = v_{\mathrm{dc2}}$，则 v_{dd}和 v_{qq}均为零，该种条件下可以参考常规三相半桥 SAPF 的分析方法及其控制策略[75]。

6.2.2 开关冗余 SAPF 的控制策略

6.2.2.1 开关冗余 SAPF 的运行模态及基本电压矢量

以 a 相故障为例，容错状态下开关冗余 SAPF 的有效运行模态共有 4 个，记为 M_1（-1，-1）、M_2（1，-1）、M_3（1，1）、M_4（-1，1），相应的电路分析图如图 6.2 所示。

工作模态 1：开关管 S_4和 S_2 导通，S_1 和 S_3关断，a、b、c 端输出电压分别为 $v_{\mathrm{an}}=v_{\mathrm{dc}}/3$，$v_{\mathrm{bn}}=-v_{\mathrm{dc}}/6$，$v_{\mathrm{cn}}=-v_{\mathrm{dc}}/6$，相应线电压值为 $v_{\mathrm{ab}}=v_{\mathrm{dc}}/2$，$v_{\mathrm{bc}}=0$，$v_{\mathrm{ca}}=v_{\mathrm{dc}}/2$，定义该工作模态对应的电压空间矢量为 U_1。

工作模态 2：开关管 S_1 和 S_2 导通，S_4和 S_3关断，a、b、c 端输出电压分别为 $v_{\mathrm{an}}=0$，$v_{\mathrm{bn}}=v_{\mathrm{dc}}/2$，$v_{\mathrm{cn}}=-v_{\mathrm{dc}}/2$，相应线电压值为 $v_{\mathrm{ab}}=-v_{\mathrm{dc}}/2$，$v_{\mathrm{bc}}=v_{\mathrm{dc}}$，$v_{\mathrm{ca}}=-v_{\mathrm{dc}}/2$，定义该工作模态对应的电压空间矢量为 U_2。

工作模态 3：开关管 S_1 和 S_3导通，S_2 和 S_4关断，a、b、c 端输出电压分别为 $v_{\mathrm{an}}=-v_{\mathrm{dc}}/3$，$v_{\mathrm{bn}}=v_{\mathrm{dc}}/6$，$v_{\mathrm{cn}}=v_{\mathrm{dc}}/6$，相应线电压值为 $v_{\mathrm{ab}}=-v_{\mathrm{dc}}/2$，$v_{\mathrm{bc}}=0$，$v_{\mathrm{ca}}=-v_{\mathrm{dc}}/2$，定义该工作模态对应的电压空间矢量为 U_3。

工作模态 4：开关管 S_3和 S_4导通，S_1 和 S_2 关断，a、b、c 端输出电压分别为 $v_{\mathrm{an}}=0$，$v_{\mathrm{bn}}=-v_{\mathrm{dc}}/2$，$v_{\mathrm{cn}}=v_{\mathrm{dc}}/2$，相应线电压值为 $v_{\mathrm{ab}}=v_{\mathrm{dc}}/2$，$v_{\mathrm{bc}}=-v_{\mathrm{dc}}$，$v_{\mathrm{ca}}=v_{\mathrm{dc}}/2$，定义该工作模态对应的电压空间矢量为 U_4。

同理可以推导其余两相故障时的工作模态及电压矢量，不再赘述。

定义参考电压空间矢量为

$$U_{\mathrm{r}} = \frac{2}{3}(v_{\mathrm{an}} + v_{\mathrm{bn}}\mathrm{e}^{j2\pi/3} + v_{\mathrm{cn}}\mathrm{e}^{j4\pi/3}) \tag{6-24}$$

参考电压空间矢量与 4 个基本电压矢量的关系见表 6.1，利用前述坐标变换得到两相静止坐标系下的分量 v_α、v_β。故障后的电压矢量合成示意图如图 6.3 所示。

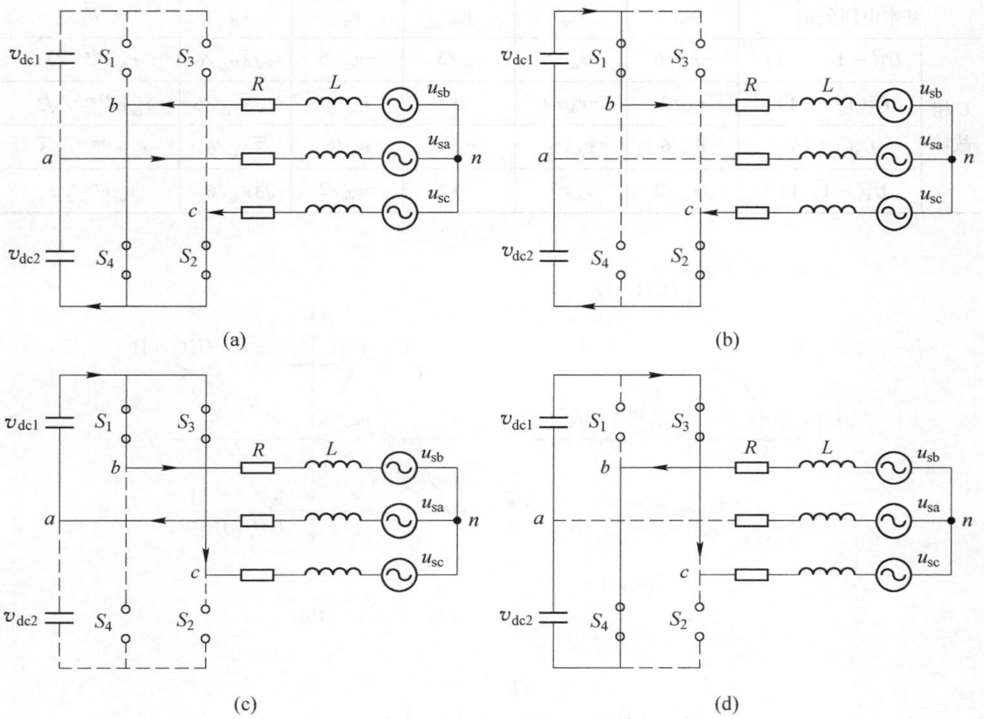

图 6.2　四种开关模态下的电路分析图

（a）开关模态 1；（b）开关模态 2；（c）开关模态 3；（d）开关模态 4

表 6.1　开关冗余 APF 的参考电压矢量与基本电压矢量关系

基本电压矢量		v_{an}	v_{bn}	v_{cn}	v_α	v_β	U_r
A 相故障	$U_1^a(-1,\ -1)$	$v_{dc}/3$	$-v_{dc}/6$	$-v_{dc}/6$	$v_{dc}/3$	0	$v_{dc}/3$
	$U_2^a(1,\ -1)$	0	$v_{dc}/2$	$-v_{dc}/2$	0	$v_{dc}/\sqrt{3}$	$v_{dc}e^{j\pi/2}/\sqrt{3}$
	$U_3^a(1,\ 1)$	$-v_{dc}/3$	$v_{dc}/6$	$v_{dc}/6$	$-v_{dc}/3$	0	$v_{dc}e^{j\pi}/3$
	$U_4^a(-1,\ 1)$	0	$-v_{dc}/2$	$v_{dc}/2$	0	$-v_{dc}/\sqrt{3}$	$v_{dc}e^{j3\pi/2}/\sqrt{3}$
B 相故障	$U_1^b(-1,\ -1)$	$-v_{dc}/6$	$v_{dc}/3$	$-v_{dc}/6$	$-v_{dc}/6$	$\sqrt{3}v_{dc}/6$	$v_{dc}e^{j2\pi/3}/3$
	$U_2^b(1,\ -1)$	$v_{dc}/2$	0	$-v_{dc}/2$	$v_{dc}/2$	$\sqrt{3}v_{dc}/6$	$v_{dc}e^{j7\pi/6}/\sqrt{3}$
	$U_3^b(1,\ 1)$	$v_{dc}/6$	$-v_{dc}/3$	$v_{dc}/6$	$v_{dc}/6$	$-\sqrt{3}v_{dc}/6$	$v_{dc}e^{j5\pi/3}/\sqrt{3}$
	$U_4^b(-1,\ 1)$	$-v_{dc}/2$	0	$v_{dc}/2$	$-v_{dc}/2$	$-\sqrt{3}v_{dc}/6$	$v_{dc}e^{j\pi/6}/3$

续表 6.1

基本电压矢量		v_{an}	v_{bn}	v_{cn}	v_α	v_β	U_r
C 相故障	$U_1^c(-1,\ -1)$	$-v_{dc}/6$	$-v_{dc}/6$	$v_{dc}/3$	$-v_{dc}/6$	$-\sqrt{3}v_{dc}/6$	$v_{dc}e^{j4\pi/3}/3$
	$U_2^c(1,\ -1)$	$v_{dc}/2$	$-v_{dc}/2$	0	$v_{dc}/2$	$-\sqrt{3}v_{dc}/6$	$v_{dc}e^{j11\pi/6}/\sqrt{3}$
	$U_3^c(1,\ 1)$	$v_{dc}/6$	$v_{dc}/6$	$-v_{dc}/3$	$v_{dc}/6$	$\sqrt{3}v_{dc}/6$	$v_{dc}e^{j5\pi/6}/\sqrt{3}$
	$U_4^c(-1,\ 1)$	$-v_{dc}/2$	$v_{dc}/2$	0	$-v_{dc}/2$	$\sqrt{3}v_{dc}/6$	$v_{dc}e^{j\pi/3}/3$

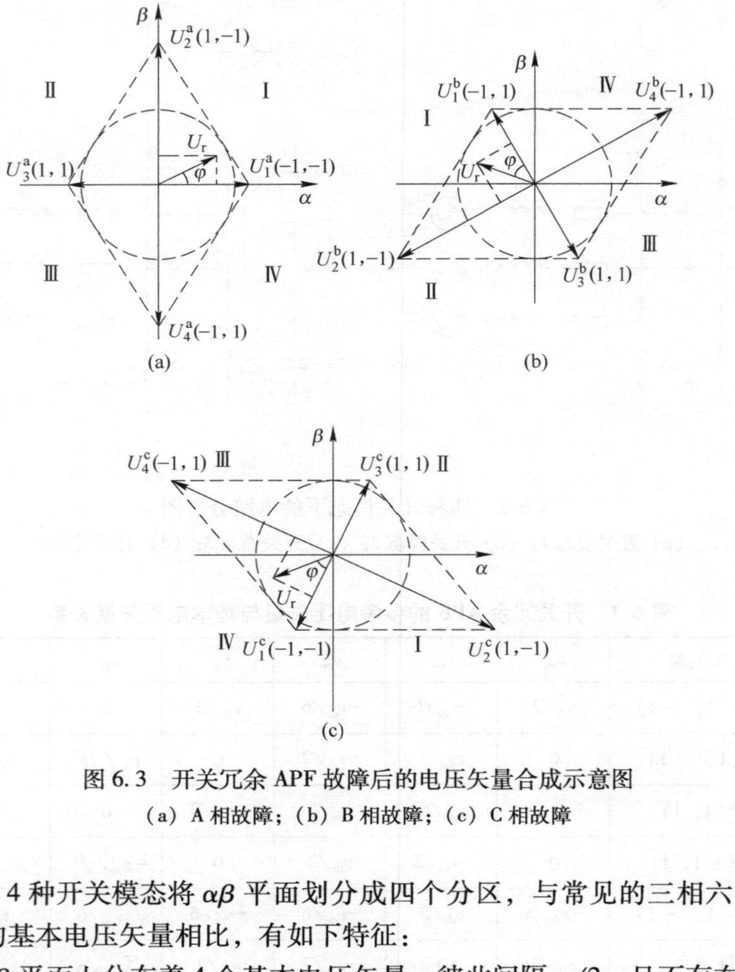

图 6.3　开关冗余 APF 故障后的电压矢量合成示意图

（a）A 相故障；（b）B 相故障；（c）C 相故障

可见，4 种开关模态将 $\alpha\beta$ 平面划分成四个分区，与常见的三相六开关逆变器所对应的基本电压矢量相比，有如下特征：

（1）$\alpha\beta$ 平面上分布着 4 个基本电压矢量，彼此间隔 $\pi/2$，且不存在零矢量。

（2）各个基本电压矢量的模不全相等，其中 U_2、U_4 的模大于 U_1、U_3 的模，数值关系为 $|U_2| = |U_4| = \sqrt{3}|U_1| = \sqrt{3}|U_3|$。

（3）矢量 U_2 和 U_4 大小相等，方向相反，同理，U_1 和 U_3 呈现相同关系。

(4) 四个基本电压矢量在空间分布非对称，其矢量顶点的连线构成一个菱形，使得合成矢量自由度降低，对于参考矢量的控制合成难度也将大大增加。

6.2.2.2 开关冗余 SAPF 的电压矢量分析

由于开关冗余 SAPF 容错后的拓扑只含两个开关桥臂，若要维持正常输出能力，此时的直流侧电压要高于正常工作状态下的直流侧电压。为了尽可能提高直流电压利用率，SVPWM 控制被采纳，此外，SVPWM 还具备开关次数少、谐波抑制效果好、易于数字化实现等优点[158]。故障容错后的开关冗余 SAPF 中只有 4 个长度不等的基本电压矢量，且没有零矢量，其控制方法有别于常见的三相六开关 SAPF，接下来推导适用于开关冗余 SAPF 的 SVPWM 控制算法。

根据伏秒平衡原则

$$\begin{cases} U_r T = U_1 t_1 + U_2 t_2 + U_3 t_3 + U_4 t_4 \\ T = t_1 + t_2 + t_3 + t_4 \end{cases} \tag{6-25}$$

将 $U_1 = -U_3$ 和 $U_2 = -U_4$ 代入上式，可得

$$U_r T = U_1(t_1 - t_3) + U_2(t_2 - t_4) = U_1 t_{13} + U_2 t_{24} \tag{6-26}$$

$\alpha\beta$ 坐标系下的对应方程为

$$\begin{cases} v_{\alpha r} T = U_{1\alpha} t_{13} + U_{2\alpha} t_{24} \\ v_{\beta r} T = U_{1\beta} t_{13} + U_{2\beta} t_{24} \end{cases} \tag{6-27}$$

以 α 相故障为例，结合表 6.1，可得

$$\begin{cases} t_{13} = t_1 - t_3 = \dfrac{3 v_{\alpha r}}{v_{dc} T} \\ t_{24} = t_2 - t_4 = \dfrac{\sqrt{3} v_{\beta r}}{v_{dc} T} \end{cases} \tag{6-28}$$

显然，上面只有三个独立方程，故还不能确定四个时间量 $t_1 \sim t_4$ 的值。

此外，虽然开关冗余 SAPF 在 $\alpha\beta$ 平面上不存在零矢量，但考虑到电压空间矢量 U_1 和 U_3 大小相等、方向相反，因此可以将 U_1 和 U_3 同时作用相同的时间，从而获得等效的零矢量，同理，也可利用 U_2 和 U_4 合成等效的零矢量。设等效零矢量的作用时间为 t_{eq0}，则

$$t_{eq0} = T - |t_{13}| - |t_{24}| \tag{6-29}$$

为了方便分析合成等效零矢量的基本矢量及其作用时间，定义矢量分配因子 $k_f(0 \leqslant k_f \leqslant 1)$ 表征 U_1 和 U_3 合成的零矢量占比。$1-k_f$ 用来描述 U_2 和 U_4 合成的零矢量占比。四个分区内，各矢量作用时间分配关系描述见表 6.2。

表 6.2 各个分区内矢量作用时间分配关系表

分区	t_{13}	t_{24}	t_1	t_2	t_3	t_4
I	>0	$\geqslant 0$	$t_{13} + k_f t_{eq0}/2$	$t_{24} + (1-k_f) t_{eq0}/2$	$k_f t_{eq0}/2$	$(1-k_f) t_{eq0}/2$

续表 6.2

分区	t_{13}	t_{24}	t_1	t_2	t_3	t_4
Ⅱ	≤0	>0	$k_f t_{eq0}/2$	$t_{24}+(1-k_f)t_{eq0}/2$	$-t_{13}+k_f t_{eq0}/2$	$(1-k_f)t_{eq0}/2$
Ⅲ	<0	≤0	$k_f t_{eq0}/2$	$(1-k_f)t_{eq0}/2$	$-t_{13}+k_f t_{eq0}/2$	$-t_{24}+(1-k_f)t_{eq0}/2$
Ⅳ	≥0	<0	$t_{13}+k_f t_{eq0}/2$	$(1-k_f)t_{eq0}/2$	$k_f t_{eq0}/2$	$-t_{24}+(1-k_f)t_{eq0}/2$

不同分区内的参考矢量，其合成所用的基本电压矢量与分配因子的关系见表 6.3。

表 6.3　所施电压矢量与分配因子的关系

k_f	分区Ⅰ	分区Ⅱ	分区Ⅲ	分区Ⅳ
0	$U_4U_1U_2$	$U_2U_3U_4$	$U_2U_3U_4$	$U_4U_1U_2$
1	$U_1U_2U_3$	$U_1U_2U_3$	$U_3U_4U_1$	$U_3U_4U_1$
(0, 1)	$U_1U_2U_3U_4$	$U_1U_2U_3U_4$	$U_1U_2U_3U_4$	$U_1U_2U_3U_4$

从保证输出波形对称性的角度考虑，同时为了减小合成零矢量时带来的矢量波动，选取 $k_f=1$，即规定零矢量由 U_1 和 U_3 等效合成。

6.2.2.3　开关冗余 SAPF 的 SVPWM 控制算法实现

以 A 相故障容错后的开关冗余 SAPF 为例，假设参考电压矢量 U_r 位于分区Ⅰ，其电压矢量分布如图 6.3（a）所示，因此有

$$\begin{cases} |U_r|\cos\varphi = \dfrac{t_{1Nz}}{T}|U_1| \\ |U_r|\sin\varphi = \dfrac{t_2}{T}|U_2| \end{cases} \tag{6-30}$$

式中，φ 表示参考电压矢量 U_r 与基本电压矢量 U_1 之间的夹角；t_{1Nz} 表示 U_1 用作非等效零矢量的时间。

化简可得

$$\begin{cases} t_{1Nz} = \dfrac{|U_r|}{|U_1|}T\cos\varphi \\ t_2 = \dfrac{|U_r|}{|U_2|}T\sin\varphi \\ t_{eq0} = 2t_{1z} = 2t_3 = T - t_{1Nz} - t_2 \end{cases} \tag{6-31}$$

t_{1z} 表示 U_1 用以产生等效零矢量的时间。

故三个基本电压矢量的作用时间分别为

$$
\begin{cases}
t_1 = t_{1Nz} + t_{1z} = \dfrac{\left(T + \dfrac{|U_r|}{|U_1|}T\cos\varphi - \dfrac{|U_r|}{|U_2|}T\sin\varphi\right)}{2} \\
t_2 = \dfrac{|U_r|}{|U_2|}T\sin\varphi \\
t_3 = \dfrac{\left(T - \dfrac{|U_r|}{|U_1|}T\cos\varphi - \dfrac{|U_r|}{|U_2|}T\sin\varphi\right)}{2}
\end{cases}
\tag{6-32}
$$

其余分区的参考电压矢量合成方法可以同理推导得到，此处不再赘述。

开关冗余 SAPF 采用“七段式”SVPWM，其矢量分配原则为：每一调制周期以 U_1 开始并结束；同一桥臂上功率器件的开关状态只切换两次。为方便统一表示，用 t_x 表示有效基本矢量用作非零等效矢量的作用时间，用 t_y 表示另一有效基本矢量的作用时间，t_0 表示等效零矢量作用时间，比如分区Ⅰ中，即 $t_x = t_{1Nz}$，$t_y = t_2$，$t_0 = t_{eq0}$，故可得各个分区内的“七段式”SVPWM 序列，如图 6.4 所示，对应的电压矢量合成轨迹如图 6.5 所示。

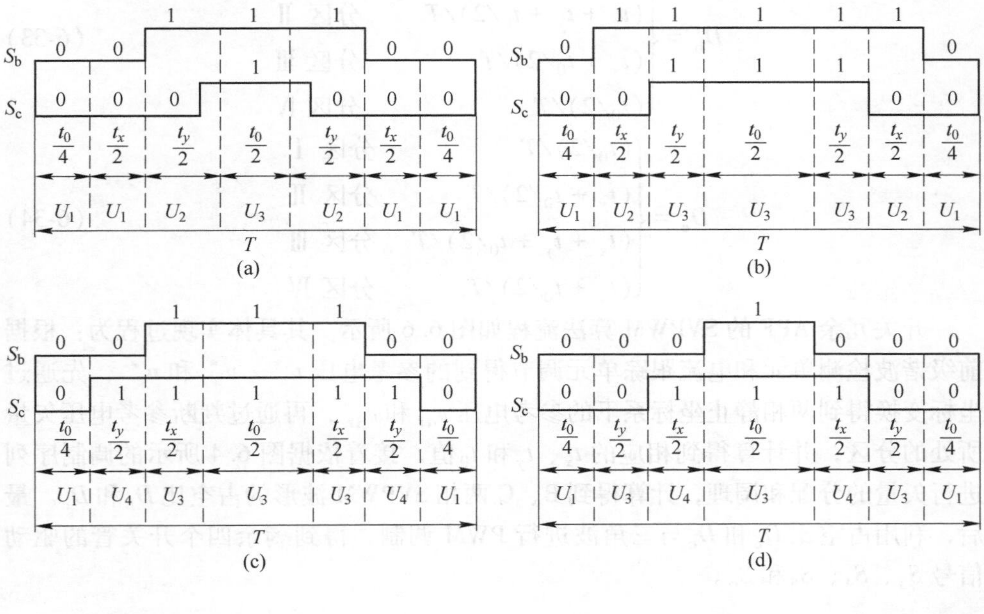

图 6.4 开关冗余 APF 的“七段式”SVPWM 序列

(a) 分区Ⅰ；(b) 分区Ⅱ；(c) 分区Ⅲ；(d) 分区Ⅳ

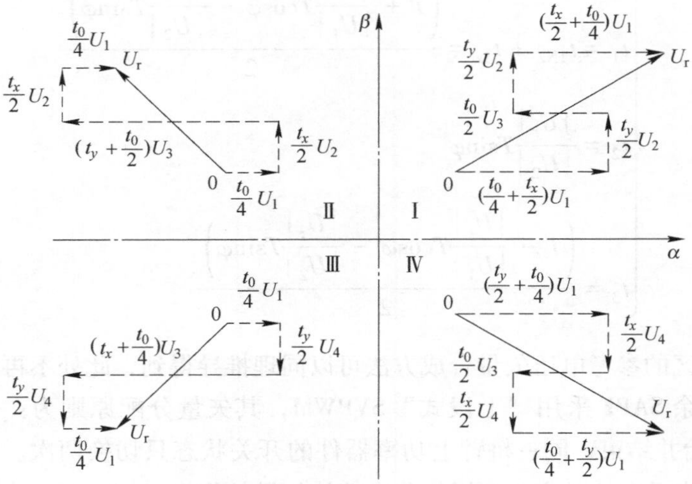

图 6.5　参考矢量合成轨迹

从而可以得到 B 相和 C 相的占空比 D_b 和 D_c 分别为

$$D_b=\begin{cases}(t_y+t_0/2)/T & 分区\ Ⅰ\\(t_x+t_y+t_0/2)/T & 分区\ Ⅱ\\(t_x+t_0/2)/T & 分区\ Ⅲ\\(t_0/2)/T & 分区\ Ⅳ\end{cases}\tag{6-33}$$

$$D_c=\begin{cases}(t_0/2)/T & 分区\ Ⅰ\\(t_y+t_0/2)/T & 分区\ Ⅱ\\(t_x+t_y+t_0/2)/T & 分区\ Ⅲ\\(t_x+t_0/2)/T & 分区\ Ⅳ\end{cases}\tag{6-34}$$

开关冗余 APF 的 SVPWM 算法流程如图 6.6 所示。其具体实现过程为：根据前级谐波检测单元和电流跟踪单元调节得到的参考电压 u_a^*、u_b^* 和 u_c^*，先通过坐标变换得到两相静止坐标系下的参考电压 $v_{\alpha r}$ 和 $v_{\beta r}$，再通过判断参考电压矢量所处的分区，并计算得到相应的 t_x、t_y 和 t_0 值，接着依据图 6.4 所示的调制序列进行矢量的分配和调理，计算得到 B、C 两相 SVPWM 波形的占空比 D_b 和 D_c。最后，利用占空比 D_b 和 D_c 与三角波进行 PWM 调制，得到剩余四个开关管的驱动信号 S_3、S_4、S_5 和 S_6。

6.2.3　开关冗余 SAPF 的电容电压不平衡问题

以上推导和设计了开关冗余 SAPF 容错运行时的控制策略。虽然通过上述方

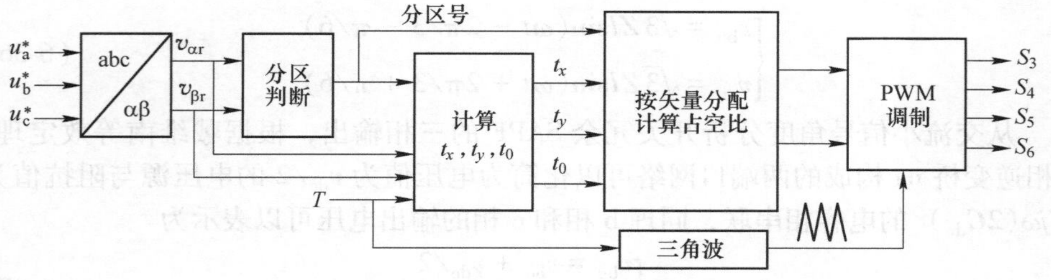

图 6.6 开关冗余 APF 的 SVPWM 算法流程图

案可以实现模块故障后的不间断运行，但由于容错后直流侧分裂电容承担了故障相的输出能力，电容电压将以交流形式波动，而两电容电压之和 v_{dc} 在稳压环的作用下被控为近似恒定，故上下电容电压的瞬时值极有可能呈现不一致，从而造成直流母线中点电位的偏移，进而影响谐波补偿效果。因此，有必要对此展开分析并研究相应的改进策略。

6.2.3.1 电流输出不平衡机理

相比于传统的三相六开关 SAPF，容错后的开关冗余 SAPF 其补偿性能将会有所下降，究其原因是直流侧电容承担了原故障相的输出能力，导致存在三相输出不平衡的现象。以下通过建立等效电路模型，分析容错拓扑的输出不平衡机理。首先定义每相输出阻抗为 Z，相应的等效输出阻抗电路模型如图 6.7 所示。

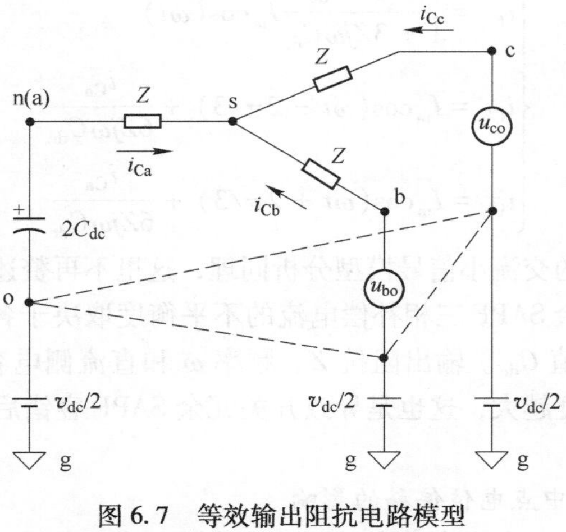

图 6.7 等效输出阻抗电路模型

根据基尔霍夫电流定律，有

$$\frac{v_{ns}}{Z}+\frac{v_{bn}+v_{ns}}{Z}+\frac{v_{cn}+v_{ns}}{Z}=0 \tag{6-35}$$

假设 a 相电流为 $i_{Ca}=v_{ns}/Z=I\sin(\omega t)$，则可求得

$$\begin{cases} v_{bn}=\sqrt{3}ZI\sin(\omega t-2\pi/3-\pi/6) \\ v_{cn}=\sqrt{3}ZI\sin(\omega t+2\pi/3+\pi/6) \end{cases} \tag{6-36}$$

从交流小信号角度分析开关冗余 SAPF 的三相输出，根据戴维南等效定理，a 相逆变桥 ng 构成的两端口网络可以化简为电压值为 $v_{dc}/2$ 的电压源与阻抗值为 $1/j\omega(2C_{dc})$ 的电容相串联，同理 b 相和 c 相的输出电压可以表示为

$$\begin{cases} v_{bg}=v_{bo}+v_{dc}/2 \\ v_{cg}=v_{co}+v_{dc}/2 \end{cases} \tag{6-37}$$

根据图 6.7，利用网孔电压法求解各支路电流：

$$\begin{cases} v_{bo}=Zi_{Cb}-Zi_{Ca}+v_{no} \\ v_{co}=Zi_{Cc}-Zi_{Ca}+v_{no} \\ i_{Ca}+i_{Cb}+i_{Cc}=0 \\ i_{Ca}=-j\omega 2C_{dc}v_{no} \end{cases} \tag{6-38}$$

解得

$$\begin{cases} i_{Cb}=\dfrac{2v_{bo}-v_{co}-v_{no}}{3Z} \\ i_{Cc}=\dfrac{2v_{co}-v_{bo}-v_{no}}{3Z} \end{cases} \tag{6-39}$$

结合式（6-36），可得实际的三相电流输出为

$$\begin{cases} i_{Ca}=\dfrac{3Zj\omega C_{dc}}{1+3Zj\omega C_{dc}}I_m\cos(\omega t) \\ i_{Cb}=I_m\cos(\omega t-2\pi/3)+\dfrac{i_{Ca}}{6Zj\omega C_{dc}} \\ i_{Cc}=I_m\cos(\omega t+2\pi/3)+\dfrac{i_{Ca}}{6Zj\omega C_{dc}} \end{cases} \tag{6-40}$$

针对各次谐波的交流小信号模型分析同理，这里不再赘述。

可见，开关冗余 SAPF 三相补偿电流的不平衡度取决于各相输出阻抗 Z、频率 ω 和直流侧电容值 C_{dc}。输出阻抗 Z、频率 ω 和直流侧电容值 C_{dc} 越小，三相补偿电流的不平衡度越大，这也是导致开关冗余 SAPF 容错后在低频下补偿效果变差的原因。

6.2.3.2　直流中点电位偏移的影响

前面的分析是基于电容参数完全一致的前提，然而实际中电容参数通常难以达到完全相同，故中点电位的偏移问题可能会更加严重。

设 $v_{dc1}=v_{dc}/2+\Delta u$，$v_{dc2}=v_{dc}/2-\Delta u$，则中点电压偏移 $\Delta u=(v_{dc1}-v_{dc2})/2$。考虑中点偏移后的基本电压矢量见表 6.4。

表 6.4 考虑中点电位偏移后的基本电压矢量

S_bS_c	v_α	v_β	U_r
$U'_1(-1,\ -1)$	$\frac{v_{dc}}{3}-\frac{2}{3}\Delta u$	0	$\frac{v_{dc}}{3}-\frac{2}{3}\Delta u$
$U'_2(1,\ -1)$	$-\frac{2}{3}\Delta u$	$v_{dc}/\sqrt{3}$	$\sqrt{\left(\frac{v_{dc}^2}{3}+\frac{4}{9}\Delta u^2\right)}\ e^{j\left(\frac{3\pi}{2}+\theta_1\right)}$
$U'_3(1,\ 1)$	$-\frac{v_{dc}}{3}-\frac{2}{3}\Delta u$	0	$\left(-\frac{v_{dc}}{3}-\frac{2}{3}\Delta u\right)\ e^{j\pi}$
$U'_4(-1,\ 1)$	$-\frac{2}{3}\Delta u$	$-v_{dc}/\sqrt{3}$	$\sqrt{\left(\frac{v_{dc}^2}{3}+\frac{4}{9}\Delta u^2\right)}\ e^{j\left(\frac{3\pi}{2}-\theta_1\right)}$

注：$\theta_1 = \arctan(2\Delta u/\sqrt{3}v_{dc}$。

将各矢量绘制在 $\alpha\beta$ 平面，如图 6.8 所示。在中点电位偏移量 Δu 的作用下，四个基本电压矢量不仅幅值不相等，$U'_1(-1,\ -1)$ 和 $U'_2(1,\ -1)$，$U'_3(1,\ 1)$ 和 $U'_4(-1,\ 1)$ 还非垂直关系，如图 6.8（a）中内部合成虚线所示，使得参考电压矢量无法分解到两个基本电压矢量上，合成参考电压矢量的难度大大增加。若为了矢量合成方便，忽略中点偏移对基本电压矢量 $U'_2(1,\ -1)$ 和 $U'_4(-1,\ 1)$ 的影响，即 $U'_2(1,\ -1)$ 和 $U'_4(-1,\ 1)$ 仍旧采用偏移前的基本电压矢量 $U_2(1,\ -1)$ 和 $U_4(-1,\ 1)$，如图 6.8（b）所示，则虽然可以按照原先的调制方法合成参考矢量，但由于实际的基本矢量 $U'_2(1,\ -1)$、$U'_4(-1,\ 1)$ 与调制时所用的基本矢量 $U_2(1,\ -1)$ 和 $U_4(-1,\ 1)$ 有偏差，故难以保障输出波形的对称，实际合成的矢量与参考矢量会存在一定偏差。

此外，由图 6.8 可求得线性调制下开关冗余 SAPF 输出相电压峰值为

$$v_{max} = (v_{dc}/2 - |\Delta u|)/\sqrt{3} \tag{6-41}$$

可见因 Δu 的存在，直流电压利用率也有所衰减。

为了更加直观地反映中点电位偏移现象，在 Matlab/Simulink 中搭建样机模型进行仿真，系统参数参见 50kVA 实验样机。为了确保故障前后输出能力不变，将直流侧额定电压值设定为 1000V，即上下分裂电容电压各为 500V。未加任何均压控制时直流侧电压的仿真波形如图 6.9 所示。

可见，虽然直流侧总电压被维持在额定值左右波动，但上下电容电压不完全相等，中点电位偏移之后，v_{dc1} 逐渐增大，v_{dc2} 逐渐减小，并且在稳压环的作用下，两者的差值会愈发增加，影响安全稳定性。

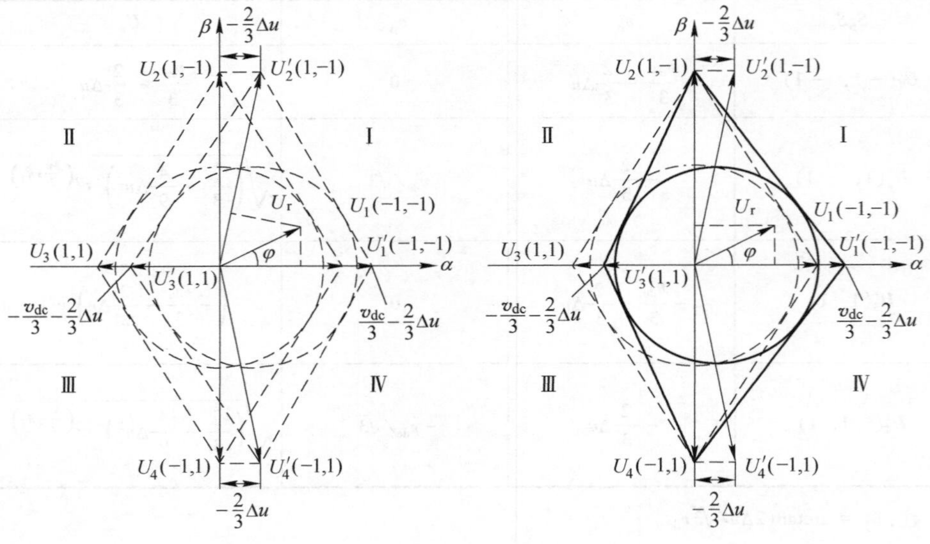

(a)　　　　　　　　(b)

图 6.8　考虑中点电位偏移后的矢量合成关系

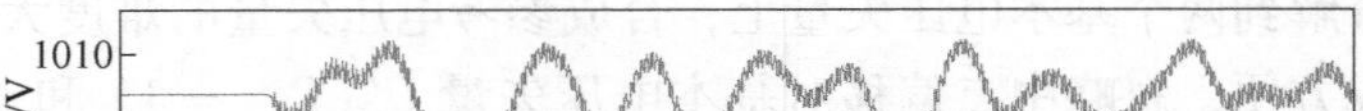

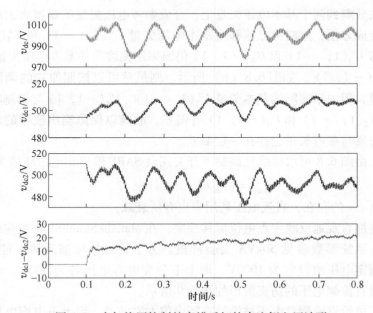

图 6.9　未加均压控制的容错后拓扑直流侧电压波形

综上所述，中点电位偏移会大大增加矢量合成的难度和降低跟踪精度，从而影响补偿效果，需要设计相应的控制策略对其进行纠偏。

6.2.3.3 具有直流中点偏移补偿的矢量控制方法

下面介绍如何通过矢量控制实现中点电位偏移量的调整。

(1) 分析不同矢量对中点电压的影响。

U_3（1，1）、U_1（-1，-1）分别如图 6.10（a）和（b）所示。这些矢量的输出端只与直流母线的一个电容相连，即在同一时刻只能对一个电容进行充电或者放电，对直流侧中点电位平衡有影响。

U_2（1，-1）、U_4（-1，1）如图 6.10（c）和（d）所示。这些矢量的输出端与直流侧正负极连接，由于没有重点电流的流入和流出，因此对中点电压的波动没有影响。

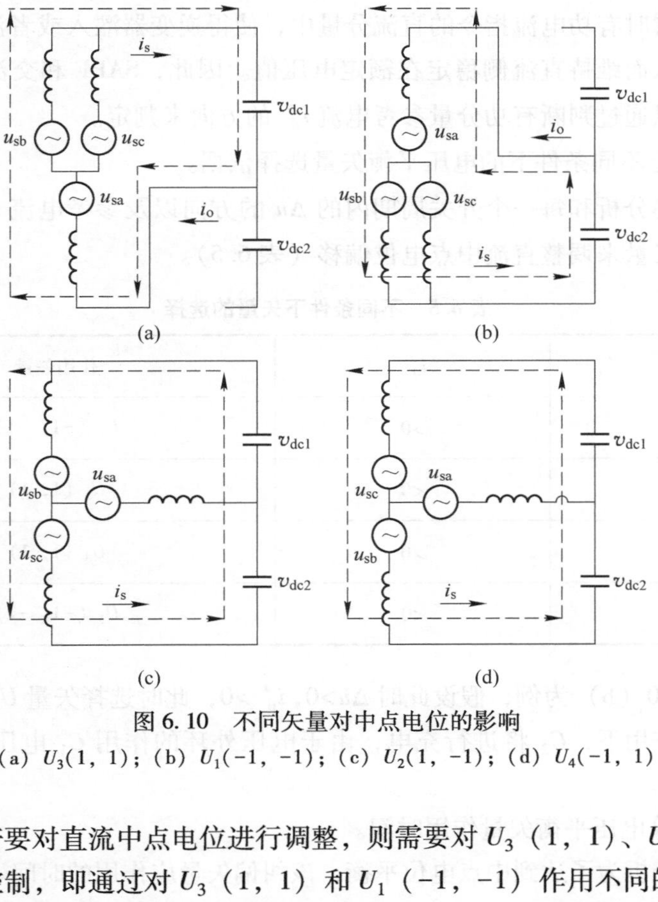

图 6.10 不同矢量对中点电位的影响

(a) $U_3(1, 1)$；(b) $U_1(-1, -1)$；(c) $U_2(1, -1)$；(d) $U_4(-1, 1)$

可见，若要对直流中点电位进行调整，则需要对 U_3（1，1）、U_1（-1，-1）进行适当的控制，即通过对 U_3（1，1）和 U_1（-1，-1）作用不同的时间，除了生成一个对输出无影响的等效零矢量之外，还产生一个对中点电位进行纠偏的矢量。接下来对其控制规律进行分析。

在分析控制规律之前，需要先对电网和 SAPF 之间的能量流动方向进行定义，因为不同的能量流动方向配合不同的作用矢量会直接影响到直流母线电压的不平衡方向。例如，如果能量由三相电网流向 SAPF，若此时作用矢量为 $U_3(1,\ 1)$，则 C_1 将被充电，这将导致上电容电压 v_{dc1} 的增加，而电压外环需要维持整个直流母线电压的稳定，这意味着下电容电压 v_{dc2} 将会减小，从而进一步造成 Δu 增大。另一方面，如果此时 APF 向三相电网输出能量，此时 C_1 向电网放电，在这种模式下，v_{dc1} 会减小，v_{dc2} 会增加，Δu 减小。同理可以得到其余矢量配合不同的能量流动方向作用时的控制规律。

（2）确定判断能量流动方向的依据。

SAPF 直流侧稳压一般采用 PI 控制，其基本原理是将 PI 控制器输出的控制分量叠加到瞬时有功电流指令的直流分量中，使得逆变器灌入或者流出一定的基波有功电流从而维持直流侧稳定在额定电压值。因此，SAPF 和交流电网的能量流动方向可以通过判断有功分量参考电流 i_d^* 的方向来判定。

（3）确定不同条件下的电压平衡矢量选择依据。

根据前述分析和每一个开关周期内的 Δu 的方向以及参考电流 i_d，可以作用一定时间的矢量来调整直流中点电位偏移（表 6.5）。

表 6.5　不同条件下矢量的选择

Δu	i_d^*	作用矢量
>0	>0	U_1（-1，-1）
>0	<0	U_3（1，1）
<0	>0	U_3（1，1）
<0	<0	U_1（-1，-1）

以图 6.10（b）为例，假设此时 $\Delta u>0$，$i_d^*>0$，此时选择矢量 U_1（-1，-1），在该矢量的作用下，C_2 将进行充电，由于电压外环的作用 C_1 电压 V_{PO} 将减小，故 Δu 将减小。

（4）计算电压平衡矢量作用时间。

接下来分析为了达到中点电位平衡，该纠偏矢量应作用的时间。

假设某一时刻参考矢量位于分区 Ⅰ，上下电容电压差 $\Delta u>0$，且此时 $i_d^*>0$，即能量流动方向为三相电网流向 SAPF，则此时直流侧下电容需要补充的电荷

量为:

$$Q_c = 0.5C \times \Delta u \tag{6-42}$$

式中，C 为上电容或者下电容的容值。

根据上述分析的纠偏矢量选取依据，此时应选取 U_1（−1，−1）进行中点电位调整。而根据前文所述的四开关矢量合成法则，分区 I 内选取的基本电压矢量为 U_1（−1，−1），U_2（1，-1），U_3（1，1），它们对应的作用时间分别为式（6-32）中的 t_1、t_2、t_3。其中，t_1 包括两个部分，一部分为 t_{1Nz}用于合成参考矢量，一部分为 t_{1z}，用于和 U_3同时作用产生等效参考矢量。设定一个纠偏时间系数 k_j，则 U_1 矢量用于产生等效参考矢量的作用时间变为

$$t'_{1z} = (1 + k_j) \times t_0/2 \tag{6-43}$$

U_3矢量的作用时间变为

$$t_3 = (1 - k_j) \times t_0/2 \tag{6-44}$$

由于 U_2（1，−1）对中点电位不产生影响，则在一个开关周期内，流出中点的电荷量可以表示为

$$Q_c = i_{Ca} \times t_x + i_{Ca} \times t'_{1z} + i_{Ca} \times t_3 \tag{6-45}$$

联立式（6-42）~式（6-45），可以解得纠偏时间系数 k_j为

$$k_j = \frac{\dfrac{C\Delta u}{2i_{Ca}} - t_x}{t_0} \tag{6-46}$$

结合式（6-31），可得 k_j的表达式为

$$k_j = \frac{\dfrac{C\Delta u}{2i_{Ca}} - \dfrac{3|U_r|}{|U_1|}T\cos\varphi}{T - \dfrac{3|U_r|}{v_{dc}}T\cos\varphi - \dfrac{\sqrt{3}|U_r|}{v_{dc}}T\sin\varphi} \tag{6-47}$$

系数 k_j的意义在于减小等效零矢量的作用时间，以提供一个特定的时间用对应的电压平衡矢量纠正中点电位偏移。利用 Simulink 工具进行仿真，系数 k_j的实时变化曲线如图 6.11 所示。加入所提均压控制策略后直流侧的电压波形如图 6.12所示。可见，系数 k_j在［−1，1］之间动态变化，直流侧总电压依旧维持在额定值左右波动，而上下电容电压值此时趋于一致，两者之差接近 0V，说明所提均压控制策略效果良好。

综上所述，结合之前章节介绍的电流控制策略，模块内容错控制策略的整体框图如图 6.13 所示。前级主要包括谐波电流检测单元、指令电流跟踪单元和直流侧稳压环三大部分，各部分功能及原理之前章节均有介绍，此处不再赘述。后

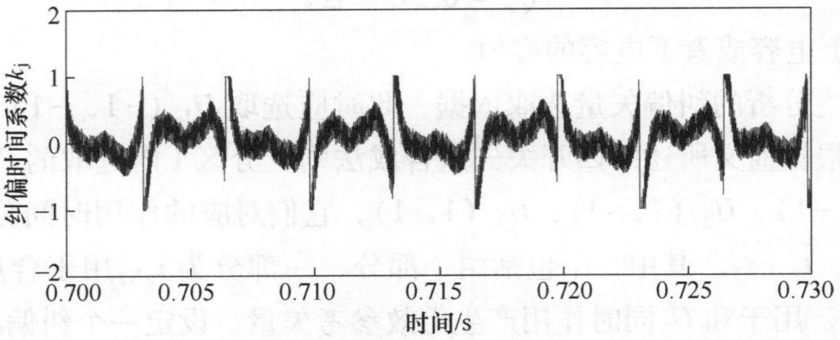

图 6.11　纠偏时间系数 k_j 变化曲线

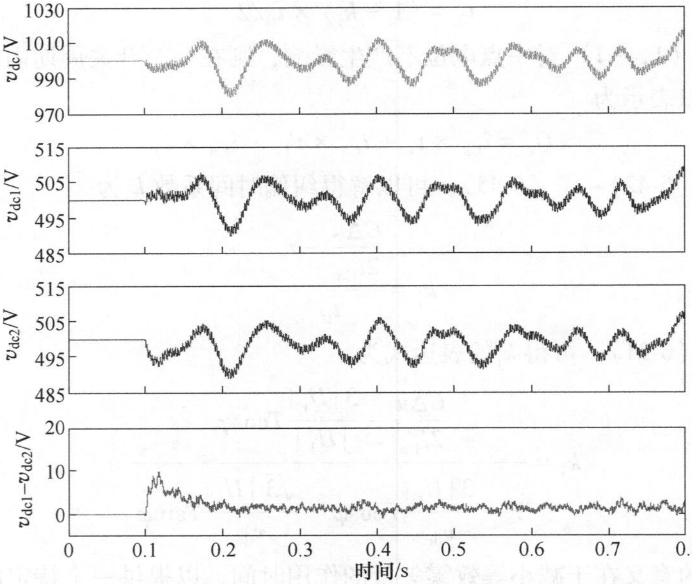

图 6.12　加入均压控制策略后的直流侧电压波形

级主要由含均压控制的 SVPWM 控制策略组成。前级单元负责生成参考电压信号 u_a^*、u_b^* 和 u_c^*，输入后级后经过坐标变换和分区判断，计算得到 t_x、t_y和 t_0值，同时更新得到此时的纠偏时间系数 k_j，然后按照图 6.4 所示的调制序列进行电压矢量分配，最终调制得到剩余开关管驱动信号 s_3、s_4、s_5和 s_6。

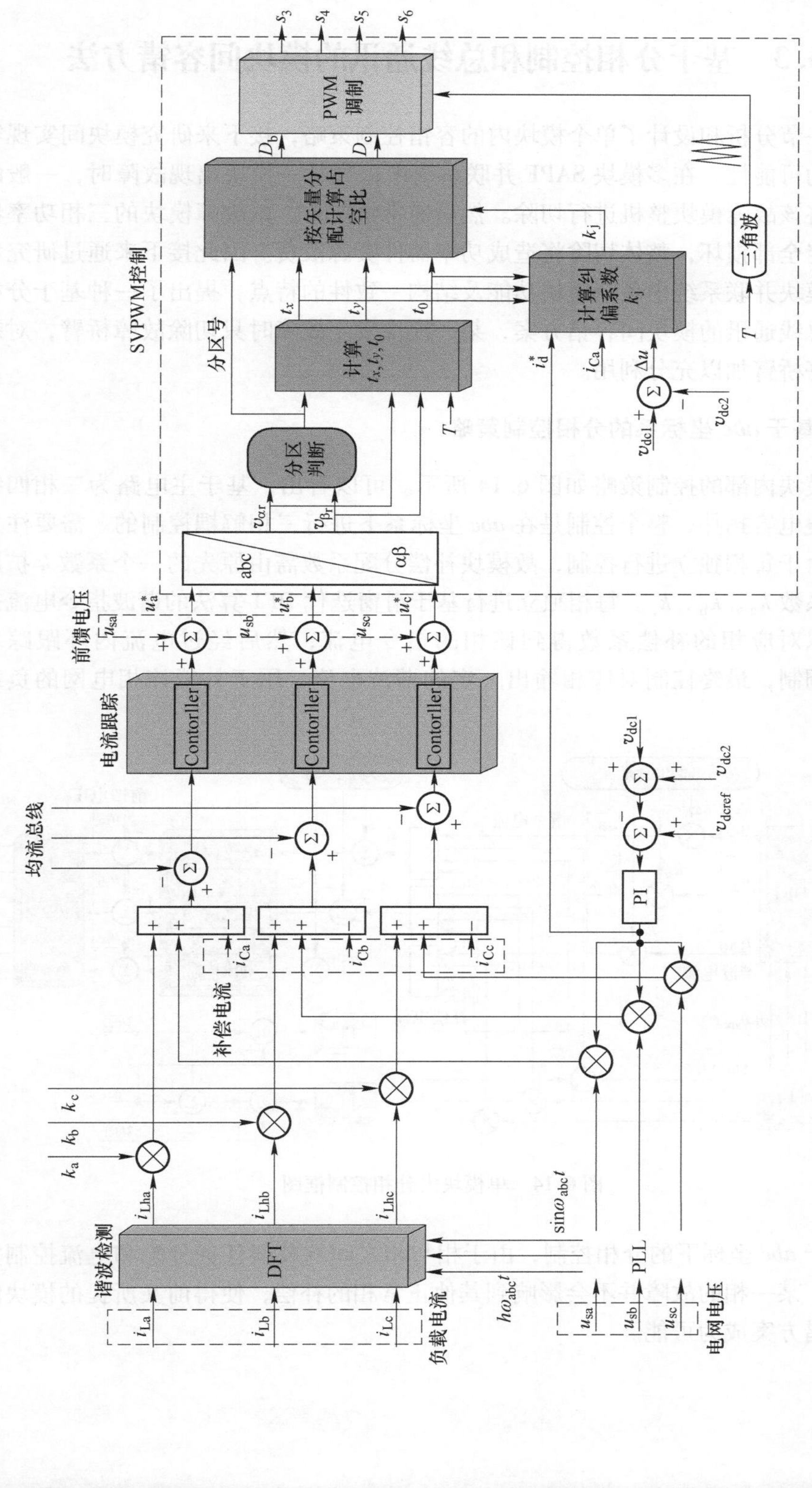

图6.13 模块内容错控制策略整体框图

6.3　基于分相控制和总线通讯的模块间容错方法

上一节分析和设计了单个模块内的容错控制策略，接下来研究模块间实现容错运行的可能性。在多模块 SAPF 并联系统中，当某一模块出现故障时，一般的做法是将该故障模块整机进行切除。然后通常情况下，该故障模块的三相功率器件不一定全部损坏，整体切除将造成功率器件资源浪费。因此接下来通过研究和利用多模块并联系统中各个模块功能及结构一致性的特点，提出了一种基于分相控制和总线通讯的模块间容错方案，某一模块发生故障时只切除故障桥臂，对剩余的完好桥臂加以充分利用。

6.3.1　基于 *abc* 坐标系的分相控制策略

单模块内部的控制策略如图 6.14 所示。可以看出，基于主电路为三相四线制带分裂电容拓扑，整个控制是在 *abc* 坐标系下进行三相解耦控制的。需要注意的是，由于每相独立进行控制，故模块补偿分配系数需由原先的一个系数 k 扩展为三个系数 k_a、k_b、k_c。每相独立进行基于滑窗迭代 DFT 算法的谐波指令电流提取，乘以对应相的补偿系数得到该相的指令电流，然后经过电流内环跟踪和 SPWM 调制，最终控制对应相输出一定的谐波电流，用于补偿该相电网的负载谐波。

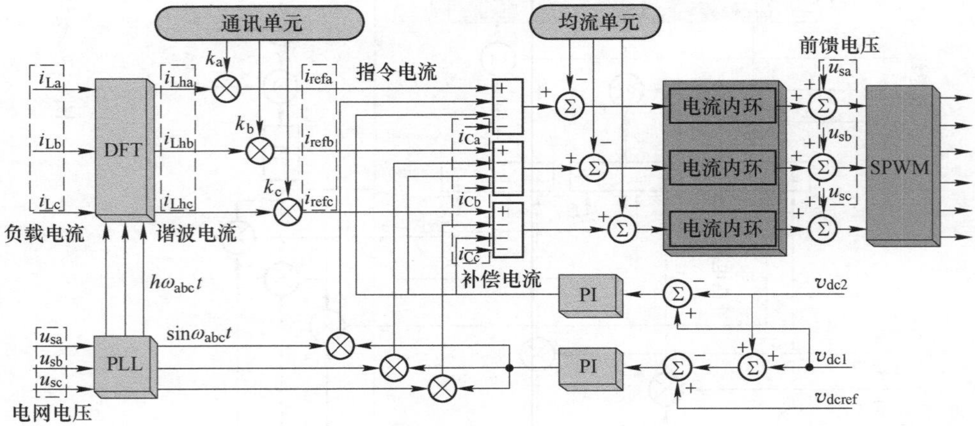

图 6.14　单模块内分相控制框图

基于 *abc* 坐标下的分相控制，由于相与相之间的补偿任务分配和电流控制完全解耦，某一相的故障并不会影响到其他正常相的补偿，使得前文所提的模块间故障容错方案成为可能。

6.3.2 模块间补偿容量转移机制

以两模块并联系统为例，系统电路图如图 6.15 所示。系统正常运行时，两个模块同时工作，按照前面章节所介绍的补偿系数分配策略，共同承担非线性负载的谐波补偿任务。若某一时刻发生桥臂故障（图中以 2 号模块 A 相下管发生故障为例），常规的处理方法为封锁 2 号模块所有功率管的驱动脉冲，2 号模块整机停机待检修。提出的模块间容错控制策略则只隔离 2 号模块 A 相桥臂及封锁对应驱动，维持 2 号模块 B、C 相继续运行，并重新分配系统内 A 相负载谐波的补偿任务。

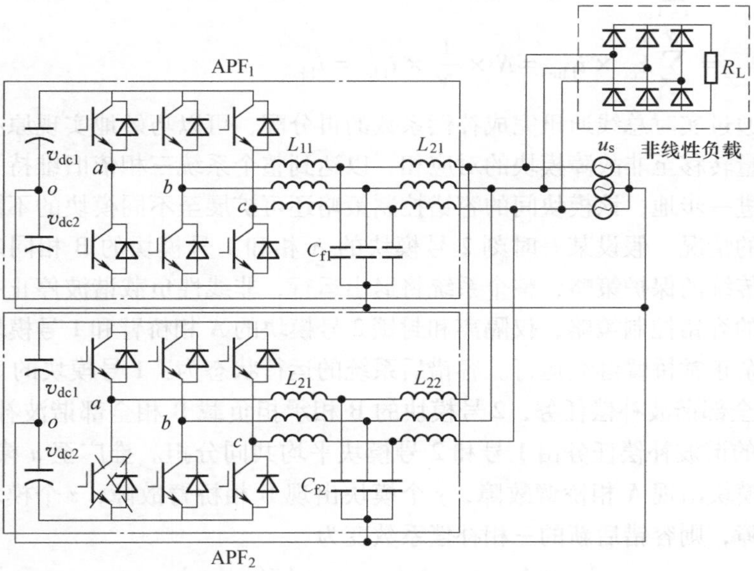

图 6.15 双模块 APF 并联系统电路图

具体的实现过程为：

（1）隔离故障桥臂，封锁对应驱动，同时通过 RS485 总线上传 A 相桥臂故障信号至监控单元；

（2）监控单元识别模块 A 相桥臂故障，将总线上实时传送的 A 相补偿系数 k_a 由 $1/n$ 更新为 $1/(n-1)$，其余相系数 k_b、k_c 仍旧为 $1/n$；

（3）非故障模块接收更新后的补偿系数，将本机 A 相指令电流由 $\frac{1}{n}\times i_{Lha}$ 调整为 $\frac{1}{n-1}\times i_{Lha}$，B 相、C 相指令电流仍旧为 $\frac{1}{n}\times i_{Lhb}$ 和 $\frac{1}{n}\times i_{Lhc}$。

故障后多模块 APF 并联系统三相的输出补偿电流为

$$
\begin{aligned}
i_{\mathrm{Ca}} &= \sum_{i=1}^{N-1} i_{\mathrm{Ca}i} = i_{\mathrm{Ca1}} + i_{\mathrm{Ca2}} + \cdots + i_{\mathrm{CaN-1}} = i_{\mathrm{refa1}} + i_{\mathrm{refa2}} + \cdots + i_{\mathrm{refaN-1}} \\
&= \sum_{i=1}^{N-1} k_{\mathrm{a}i} \times i_{\mathrm{Lha}} = (N-1) \times \frac{1}{N-1} \times i_{\mathrm{Lha}} = i_{\mathrm{Lha}} \\
i_{\mathrm{Cb}} &= \sum_{i=1}^{N} i_{\mathrm{Cb}i} = i_{\mathrm{Cb1}} + i_{\mathrm{Cb2}} + \cdots + i_{\mathrm{CbN}} = i_{\mathrm{refb1}} + i_{\mathrm{refb2}} + \cdots + i_{\mathrm{refbN}} \\
&= \sum_{i=1}^{N} k_{\mathrm{b}i} \times i_{\mathrm{Lhb}} = N \times \frac{1}{N} \times i_{\mathrm{Lhb}} = i_{\mathrm{Lhb}} \\
i_{\mathrm{Cc}} &= \sum_{i=1}^{N} i_{\mathrm{Cc}i} = i_{\mathrm{Cc1}} + i_{\mathrm{Cc2}} + \cdots + i_{\mathrm{CcN}} = i_{\mathrm{refc1}} + i_{\mathrm{refc2}} + \cdots + i_{\mathrm{refcN}} \\
&= \sum_{i=1}^{N} k_{\mathrm{c}i} \times i_{\mathrm{Lhc}} = N \times \frac{1}{N} \times i_{\mathrm{Lhc}} = i_{\mathrm{Lhc}}
\end{aligned}
\tag{6-48}
$$

可见通过实时总线通讯完成补偿系数的再分配，可以巧妙地实现原有故障相的补偿容量转移至非故障模块的对应相，以达到整个系统三相依旧维持平衡输出的能力。进一步地，该模块间的容错控制策略还可扩展至不同模块的不同相同时发生故障的情况。假设某一时刻 2 号模块的 A 相和 1 号模块的 B 相同时发生故障，按照传统的保护策略，整个系统将退出运行，非线性负载谐波停止补偿。而根据本节的容错控制策略，仅隔离和封锁 2 号模块的 A 相桥臂和 1 号模块的 B 相桥臂，其余正常桥臂继续运行。容错后系统的运行状态为：1 号模块的 A 相承担负载 A 相全部谐波补偿任务，2 号模块的 B 相承担负载 B 相全部谐波补偿任务，负载 C 相的谐波补偿任务由 1 号和 2 号模块平均共同分担。推广至 n 模块系统，假设 x 个模块出现 A 相桥臂故障，y 个模块出现 B 相桥臂故障，z 个模块出现 C 相桥臂故障，则容错后新的三相补偿系数变为

$$k_{\mathrm{a1}} = k_{\mathrm{a2}} = \cdots = k_{\mathrm{a}(n-x)} = 1/(n-x) \tag{6-49}$$

$$k_{\mathrm{b1}} = k_{\mathrm{b2}} = \cdots = k_{\mathrm{b}(n-y)} = 1/(n-y) \tag{6-50}$$

$$k_{\mathrm{c1}} = k_{\mathrm{c2}} = \cdots = k_{\mathrm{c}(n-z)} = 1/(n-z) \tag{6-51}$$

其中，$x<n$，$y<n$，$z<n$。

理论上来讲，只要系统中存在一套完整可用的三相电路，就能维持对负载三相谐波的不间断补偿。实际情况中，由于补偿容量的转移会增加非故障模块的电流应力，可能导致过流、发热严重等问题，故不可能无限制地加以故障容错，需综合考虑器件容量、装置过载能力、成本等多方面因素。例如双模块系统，为实现完全容错，则需将每个模块的器件过流能力提升为原来的两倍，而 SAPF 一般的过载能力设置为 1.1~1.2 倍，故为补偿容量全部转移将会产生成本上的劣势，故实际情况中可以设置成部分故障相补偿容量转移。这样做虽然会使得故障相对应的负载谐波处于欠补偿状态，但相比于整机切除故障模块，至少维持了非故障

相负载谐波的全补偿。当模块数增加到一定数量时，例如 $n=6$，则某一模块故障时，其余模块的对应相过载运行至 6/5=1.2 倍，在不影响原有器件选型的前提下即可实现三相的容错运行。可见，提出的这种容错控制方式实现了传统控制方法无法企及的、极高的灵活性和可靠性。

6.3.3 故障后三相电路稳态分析

将图 6.15 中对应节点处的桥臂进行并联等效，并假定 L_{11} 和 L_{21} 相等，两者的并联电感量为 L_1，则满足 $L_{11}=L_{21}=2L_1$。接着，假设 2 号模块 A 相桥臂某一时刻发生故障，将故障桥臂切除后，等效电路的 B、C 相电感量不变，A 相电感量将变为原来的两倍，而滤波电容值则变为原来的 1/2，然后进行电路分析。经过简化后的等效电路如图 6.16 所示。

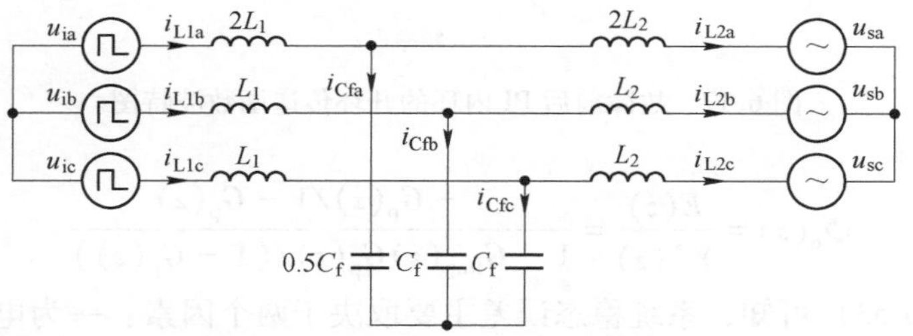

图 6.16 模块间故障容错后等效电路

此时 A 相控制对象 LCL 滤波器的传递函数为

$$G_{LCL\_f}(s)=\frac{1}{2L_1L_2C_fs^3+2(L_1+L_2)s} \tag{6-52}$$

B、C 相仍为

$$G_{LCL}(s)=\frac{1}{L_1L_2C_fs^3+(L_1+L_2)s} \tag{6-53}$$

由第 2 章的介绍可知，控制器电流环为双环结构（双分数阶重复控制外环+PI 控制内环）。首先考察电流内环稳定性，故障前后 PI 内环的开环传递函数波特图如图 6.17 所示。可见系统谐振频率由 3.43kHz 减小为 3.06Hz，不利于系统稳定。但低频段的增益下降导致幅值裕度由 8.26dB 提高到了 11.6dB。考虑到 APF 补偿的截止频率往往低于 2.5kHz，故幅值裕度增加带来的增强稳定性的好处大于谐振频率减小导致对稳定性的不利影响，因此在滤波电感增大一倍的情况下，内环仍旧是稳定的。

在电流内环稳定的基础上考虑重复控制外环的稳定性，可得系统稳态误差传递函数为

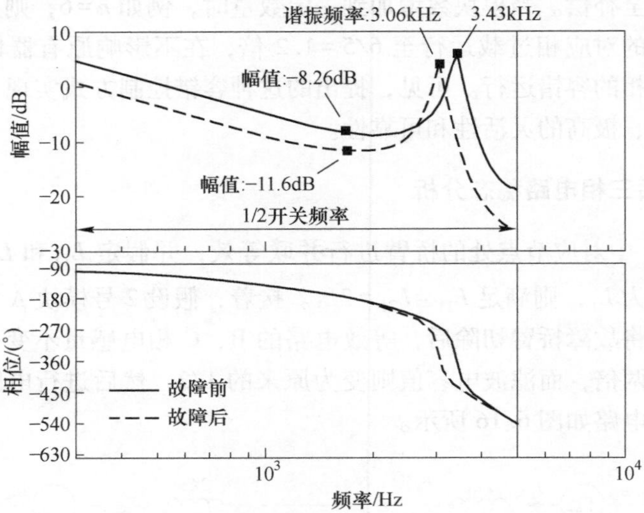

图 6.17　故障前后 PI 内环的开环传递函数波特图

$$\Phi_e(s)=\frac{E(z)}{Y^*(z)}=\frac{1-G_p(z)/1-G_p(z)}{1-G_{frep}(z)G_p(z)/(1-G_p(z))} \tag{6-54}$$

由式（6-53）可知，系统稳态误差主要取决于两个因素：一为电流内环闭环传递函数 $G_p(z)/(1-G_p(z))$；二为 $G_{frep}(z)G_p(z)/(1-G_p(z))$，其频率特性曲线如图 6.18 所示。可见其故障前后的幅频特性差异并不大，但相频特性在 100~

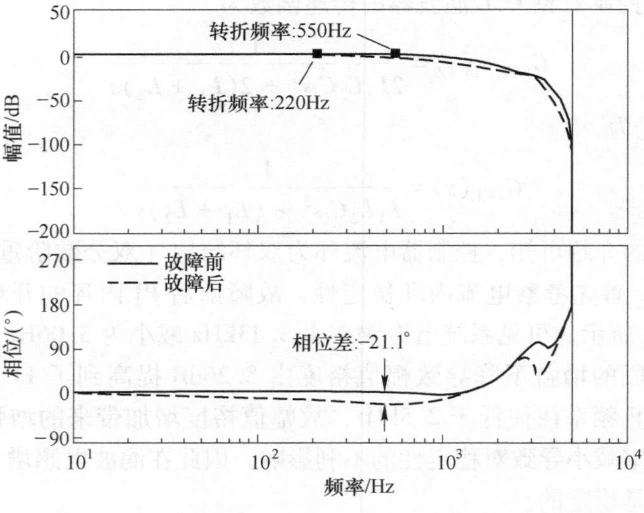

图 6.18　$G_{frep}(z)G_p(z)/(1-G_p(z))$ 波特图

2000Hz 区段呈现较大区别，故障后系统的相位存在明显滞后。低频段各特征谐波次处的相位对比见表 6.6。该种相位滞后会一定程度上导致谐波跟踪误差加大，影响补偿效果。

表 6.6 故障前后各次特征谐波的相位对比

状态	谐波相位				
	3th	5th	7th	11th	13th
故障前	0.277	0.28	0.189	-0.32	-0.63
故障后	-9.68	-14.9	-18.5	-21.4	-21.2

根据式（6-54），绘制故障前后的系统误差传递函数频率特性曲线如图 6.19 所示。可见，故障后特征谐波处的幅值增益有所增大，表 6.7 给出了具体的低次特征谐波跟踪误差幅值增益对比表。以 5 次谐波为例，从故障前的-32.6dB 增加为故障后的-28.5dB。但是，考虑到-28.5dB 的误差增益相对来说还是很小的，故 5 次谐波仍旧可以被精确跟踪。同理，各个主要低次谐波在故障后仍具有远小于零的误差增益，故稳态精度仍可以得到保障。

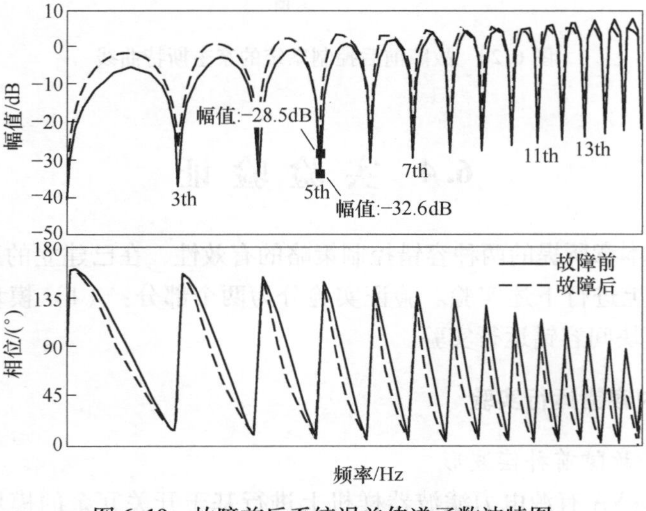

图 6.19 故障前后系统误差传递函数波特图

表 6.7 故障前后各次特征谐波的跟踪误差幅值增益

状态	幅值/dB				
	3th	5th	7th	11th	13th
故障前	-37.1	-32.6	-29.6	-25.4	-23.8
故障后	-33	-28.5	-25.6	-21.6	-20

最后，绘制故障前后控制系统的奈奎斯特曲线如图 6.20 所示。可见故障前后曲线轨迹均位于单位圆之内，同时距离边界尚留有一定距离，表明容错后系统仍具备一定的稳定裕度。

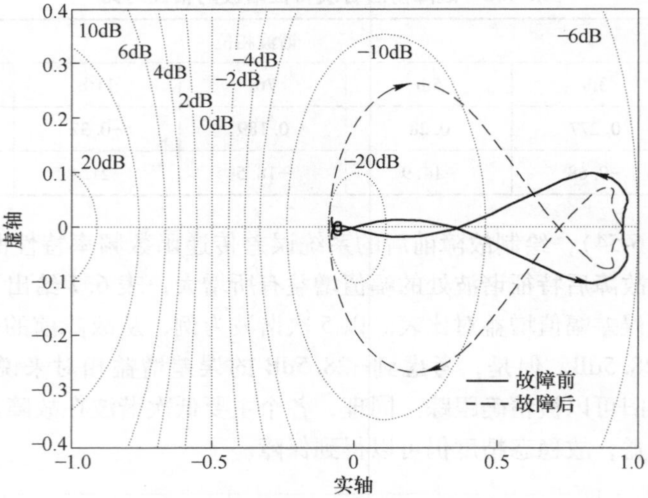

图 6.20 故障前后控制系统的奈奎斯特曲线

6.4 实验验证

为了验证本章所提的两种容错控制策略的有效性，在已建立的双模块 50kVA 并联系统平台上进行下述实验。验证实验分为两个部分：（1）模块内容错运行实验；（2）模块间容错运行实验。

6.4.1 模块内容错运行实验

6.4.1.1 故障前补偿波形

在一台 50kVA 有源电力滤波器样机上进行基于开关冗余的模块内容错策略实验，其中设置 C 相故障退出运行。图 6.21 为故障前开关冗余 SAPF 的稳态补偿电流波形及其 FFT 分析结果。可见正常情况下，开关冗余 APF 与正常的三相四线制 APF 补偿效果无异，i_{Lc}有效值为 276.2A，THD 为 27.18%，故谐波含量有效值为 $276.2/\sqrt{1+(1/THD)^2}=72.4$A。经过补偿后，各次谐波含量都有了明显的下降，主要的 5 次、7 次、11 次谐波分别由补偿前的 22.40%、10.23%、8.18%降低为 1.48%、0.97%和 1.18%，总谐波畸变率减小为 3.73%。

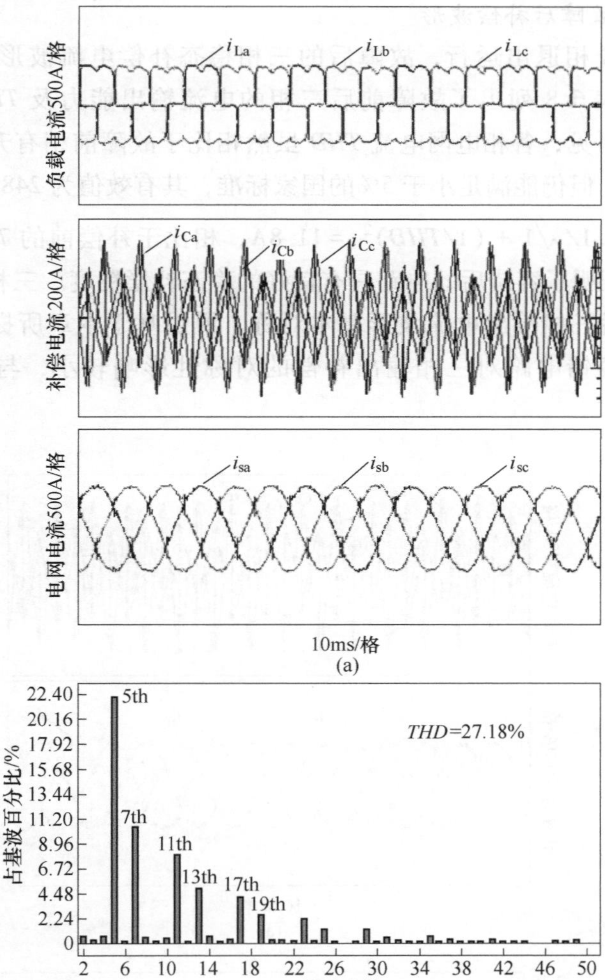

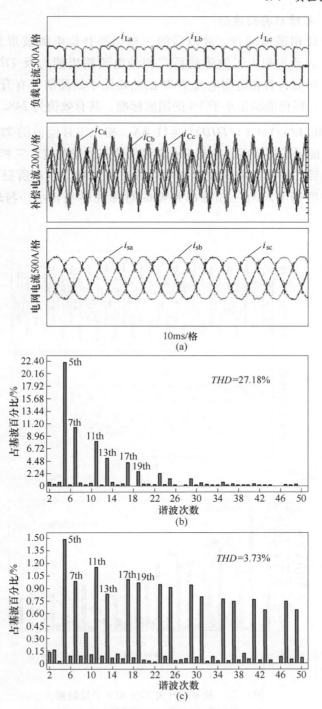

图 6.21 故障前开关冗余 APF 补偿波形

(a) 电流波形；(b) C 相负载电流 FFT 分析；(c) C 相电网电流 FFT 分析

6.4.1.2　故障后补偿波形

某一时刻 C 相退出运行，故障后的三相稳态补偿电流波形及 FFT 分析如图 6.22所示。表 6.8 列出了故障前后三相的电流输出能力及 *THD* 对比。由图 6.22 和表 6.8 可见，各相电网电流 *THD* 虽然相比于故障前稍有升高，C 相 *THD* 增加至 4.76%，但仍能满足小于 5%的国家标准，其有效值为 248.1A，计算可得谐波含量为 $248.1/\sqrt{1+(1/THD)^2}=11.8\text{A}$，相比于补偿前的 72.4A 有了很大幅度的抑制，证明了容错后的电路具有良好的稳态补偿精度。三相的电流输出能力相近，故障后三相输出电流波形基本对称，说明基于本章所提的容错控制策略，重构后的容错电路对三相输出补偿的对称性影响较小，与理论分析结果一致。

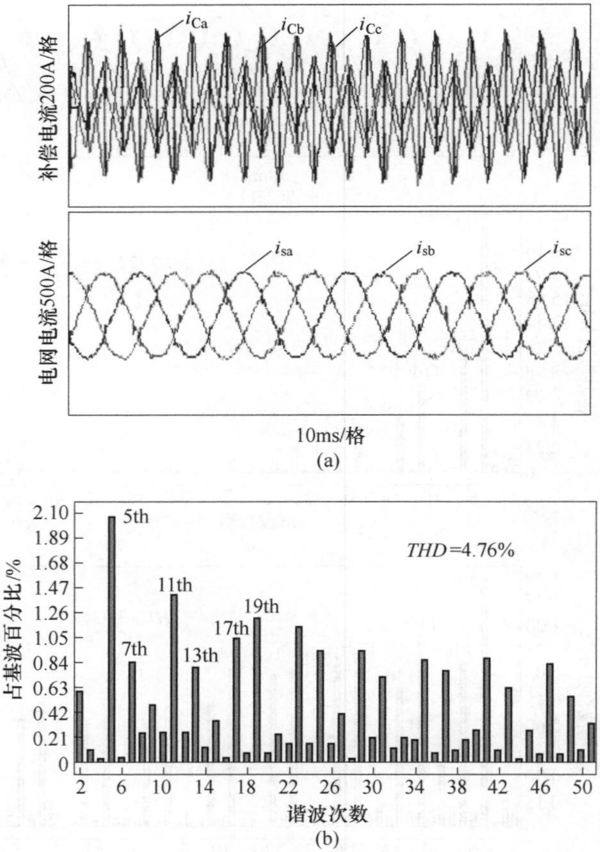

图 6.22　故障后开关冗余 APF 补偿波形
（a）电流波形；（b）C 相电网电流 FFT 分析

表 6.8 故障前后三相的电流输出能力及 *THD* 对比

状态		i_C有效值/A	i_s的 *THD*/%
故障前	A 相	68.2	3.92
	B 相	68.8	3.63
	C 相	69.4	3.73
故障后	A 相	67.6	4.29
	B 相	67.9	4.05
	C 相	68.2	4.76

6.4.1.3 直流侧电压波形

图 6.23 给出了故障容错后的直流母线总电压及上下电容分压的波形。可见在稳压环的作用下，直流侧总电压能较稳定地维持在额定值，上下电容基本均分直流母线电压，无明显电压差异，放大后观察可得电压波动值仅为 20V 左右，说明本章所提的直流中点电位矢量控制方法效果良好。

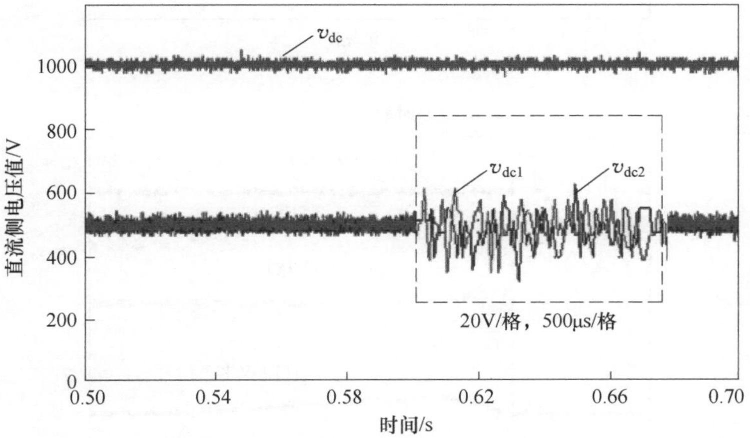

图 6.23 故障后直流侧电压波形

6.4.1.4 动态补偿实验

为了验证开关冗余 SAPF 及其控制策略在负载突变工况下的有效性，设置两种极端负载突变的情况，即 0~100%负载突增和 100%~0 负载突减，实验波形如图 6.24 所示。由图可见，当负载突然增加时，电网电流波形经过 1 个基波周期不到的过渡时间就达到了稳态，同时由于从直流侧到交流侧的能量交互，直流母线电压呈现一定幅度的下跌，上下电容电压下跌幅值基本相同，约为 40V，之后均迅速恢复额定值，体现了良好的均压特性。同理，负载突减时，电网电流波形迅速衰减为零，此时存在从交流侧至直流侧的能量流动，故上下电容电压呈现约 40V 的上升，且变化规律一致。以上两个实验说明了开关冗余 SAPF 的控制策略在极端负载突变情况下具有良好的动态响应能力和较高的鲁棒性，所提的矢量控制方法较好地实现了上下电容的均压运行。

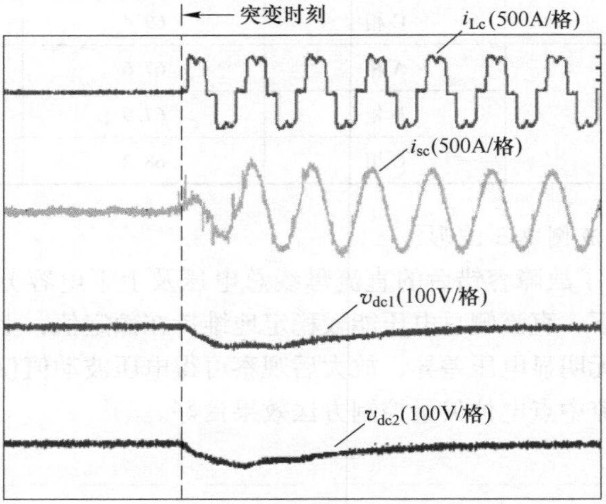

(a)

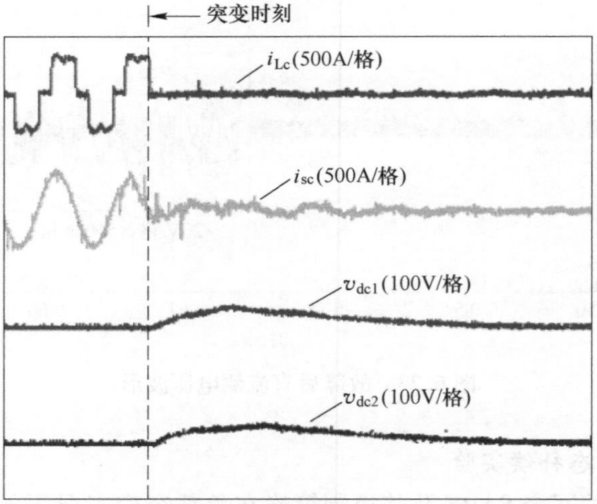

(b)

图 6.24　故障后负载突变情况下直流侧电压波形
(a) 负载突增；(b) 负载突减

6.4.2 模块间容错运行实验

设置某一时刻1号模块A相桥臂发生故障，图6.25为传统故障处理策略对

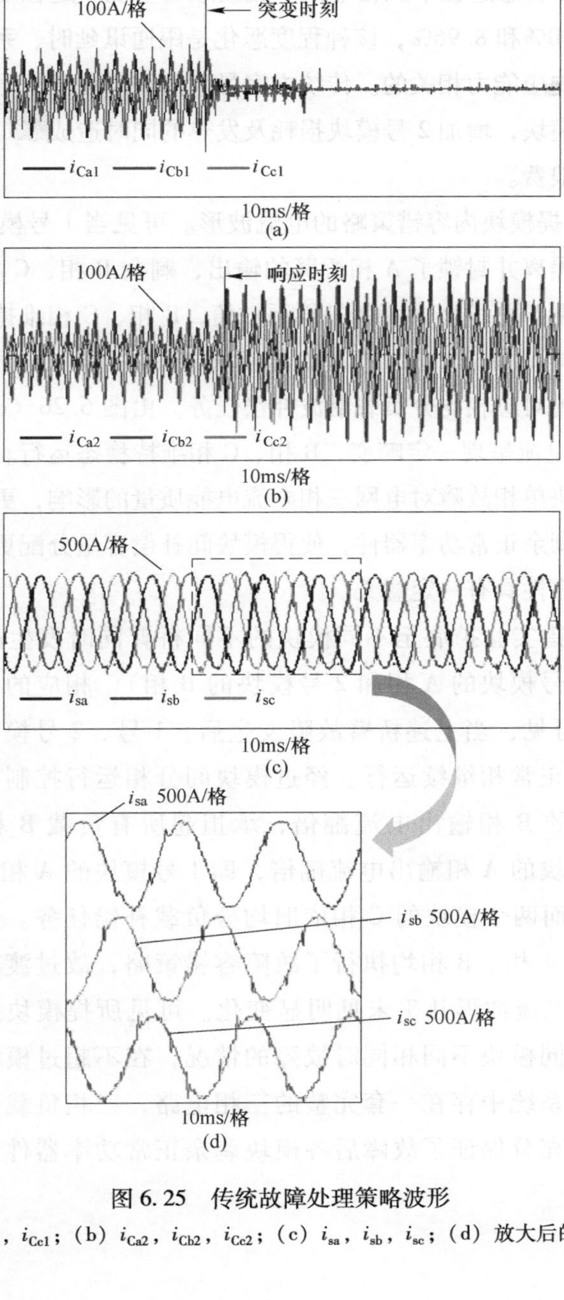

图6.25 传统故障处理策略波形

(a) i_{Ca1}，i_{Cb1}，i_{Cc1}；(b) i_{Ca2}，i_{Cb2}，i_{Cc2}；(c) i_{sa}，i_{sb}，i_{sc}；(d) 放大后的 i_{sa}，i_{sb}，i_{sc}

应的电流波形。可见当 1 号模块发生故障后，整机进行停机操作，1 号模块彻底退出运行。监控单元更新补偿系数并传递至剩余模块，2 号模块接收到新的补偿系数后调整补偿电流值为原先的两倍，即承担起 1 号模块故障前的补偿任务。由图 6.25（d）可知暂态过程中三相电网电流波形均呈现一定程度的畸变，*THD* 分别为 8.27%、9.30%和 8.96%，该种程度恶化是跟通讯延时、系数更新速度以及跟踪环节的动态响应能力相关的。传统方案最大的缺陷在于 1 号模块全部的补偿容量转移至 2 号模块，增加 2 号模块损耗及发热的同时造成了 1 号模块剩余可用功率器件的闲置浪费。

图 6.26 为所提模块内容错策略的电流波形。可见当 1 号模块 A 相桥臂发生故障后，系统只隔离并封锁了 A 相桥臂的输出，剩余 B 相、C 相仍旧正常运行。同时监控单元仅更新总线上 A 相的补偿系数值，B 相、C 相维持不变，导致 2 号模块仅 A 相输出电流翻倍，即承担起 1 号模块 A 相故障前的补偿容量，B 相、C 相仍与 1 号模块的对应相均分负载谐波补偿任务。由图 6.26（d）可见暂态过程中仅有 A 相电网电流呈现一定畸变，B 相、C 相维持稳态运行。可见该种方案既尽可能减少了模块单相故障对电网三相电流电能质量的影响，更重要的是充分利用了故障模块的剩余正常功率器件，使得模块间补偿容量分配更加合理，对于提高整个系统的可靠性具有一定意义。

将模块间容错实验扩展至不同模块的不同桥臂同时发生故障的情况（假定故障桥臂为 1 号模块的 A 相和 2 号模块的 B 相），相应的容错实验波形如图 6.27 所示。可见，当上述桥臂故障发生后，1 号、2 号模块各自切除故障桥臂，同时维持正常相继续运行，经过模块间分相运行控制策略的暂态调整之后，1 号模块的 B 相输出电流翻倍，承担起所有负载 B 相谐波的补偿任务，同理 2 号模块的 A 相输出电流翻倍，即 1 号模块的 A 相补偿容量转移至 2 号模块 A 相，而两个模块的 C 相依旧均分负载补偿任务。从电网电流波形也可看出，由于 A 相、B 相均执行了故障容错策略，故过渡期间呈现了一定畸变，C 相电网电流波形几乎未见明显变化。可见所提模块间的容错控制策略同样适用于不同模块不同相同时故障的情况，在不超过模块本身补偿容量的前提下，只要系统中存在一套完整的三相电路，三相负载谐波均能得到有效补偿。该方案充分保证了故障后各模块剩余正常功率器件的利用率，具有很高的灵活性。

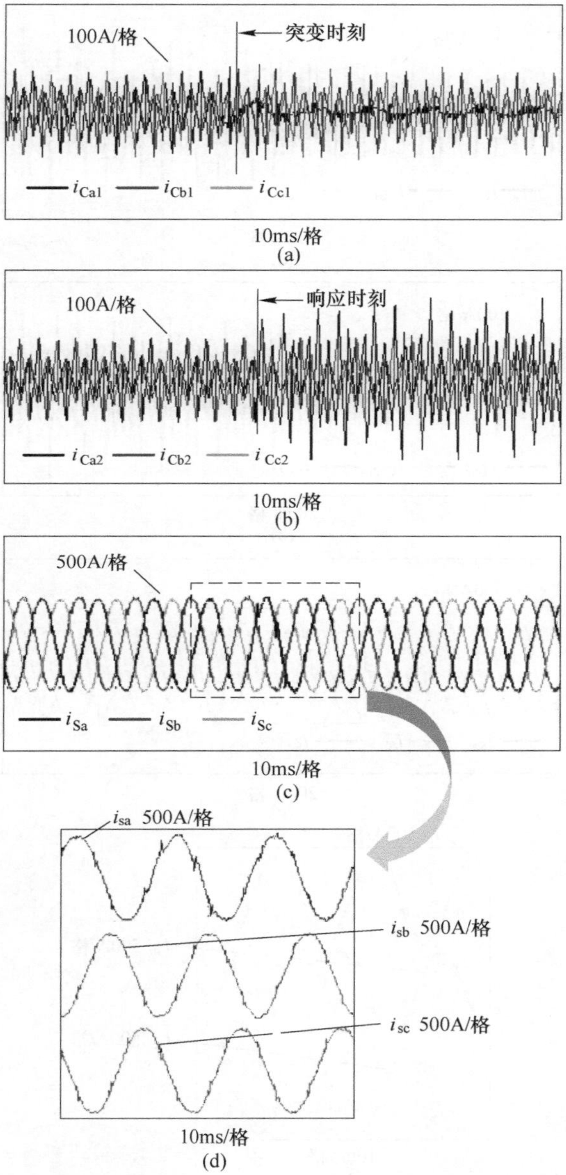

图 6.26 故障容错策略波形

(a) i_{Ca1}，i_{Cb1}，i_{Cc1}；(b) i_{Ca2}，i_{Cb2}，i_{Cc2}；

(c) i_{Sa}，i_{Sb}，i_{Sc}；(d) 放大后的 i_{Sa}，i_{Sb}，i_{Sc}

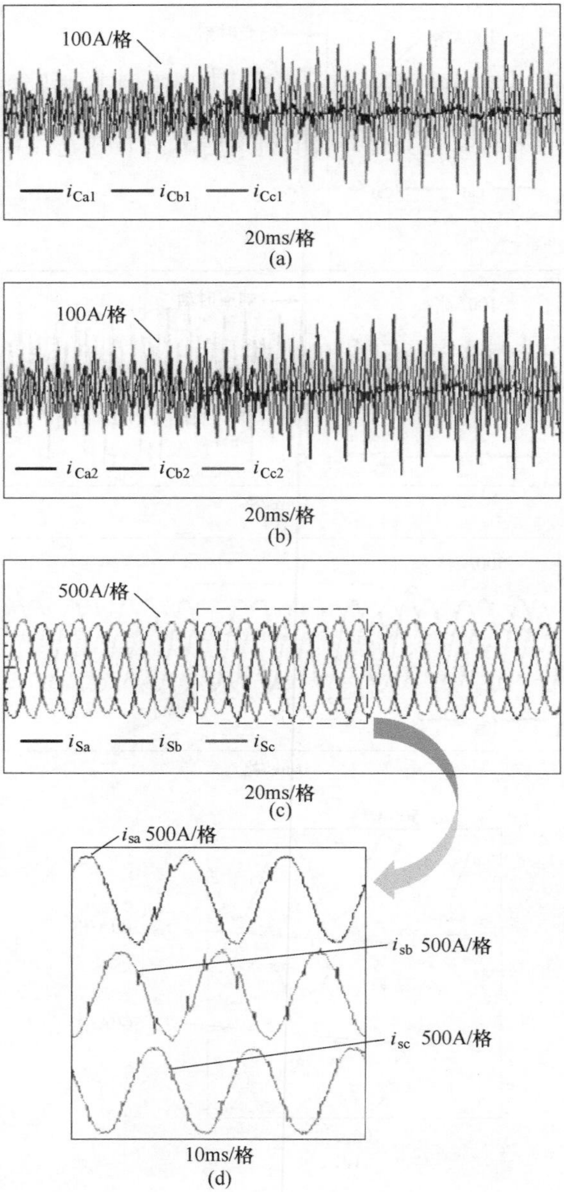

图 6.27　不同模块不同相同时故障容错策略波形

（a）i_{Ca1}，i_{Cb1}，i_{Cc1}；（b）i_{Ca2}，i_{Cb2}，i_{Cc2}；（c）i_{Sa}，i_{Sb}，i_{Sc}；（d）放大后的 i_{Sa}，i_{Sb}，i_{Sc}

参 考 文 献

[1] George J Wakileh. 电力系统谐波——基本原理、分析方法和滤波器设计［M］. 徐政，泽. 北京：机械工业出版社，2011.

[2] 王兆安. 谐波抑制和无功功率补偿［M］. 北京：机械工业出版社，1998.

[3] 程浩忠. 电能质量概论［M］. 北京：中国电力出版社，2013.

[4] 王兆安，杨军，刘进军，等. 谐波抑制和无功功率补偿［M］. 2版. 北京：机械工业出版社，2006.

[5] Read J C. The calculation of rectifier and inverter performance characteristics［J］. Journal of the Institution of Electrical Engineers-Part Ⅱ：Power Engineering，1945，92（22）：495~509.

[6] 王莉，孟小利，曹小庆，等. 电励磁双凸极发电机的非线性模型［J］. 中国电机工程学报，2005，25（10）：137~143.

[7] 李斌. 变速恒频风力发电系统的运行仿真及谐波特性研究［D］. 南昌：南昌大学，2010.

[8] 巩雯雯. 光伏发电系统对电能质量影响的分析［D］. 济南：山东大学，2015.

[9] 赵小军. 基于谐波平衡有限元法的变压器直流偏磁特性研究［D］. 北京：华北电力大学，2011.

[10] 黄晶晶，徐习东，曾平，等. 电力变压器铁心的非线性磁化特性［J］. 高电压技术，2010，36（10）：2582~2587.

[11] 蒋正荣，陈建业，从无源到有源：电能质量谐波与无功控制［M］. 北京：机械工业出版社，2015.

[12] 许遐. 公用电网谐波的评估和调控［M］. 北京：中国电力出版社，2008.

[13] 郎维川. 供电系统谐波的产生、危害及其防护对策［J］. 高电压技术，2002，28（6）：30~31.

[14] 曲玉辰. 电网谐波抑制技术研究［D］. 东北石油大学，2006.

[15] Grady W M，Samotyj M J，Noyola A H. Survey of active power line conditioning methodologies［J］. IEEE Transactions on Power Delivery，1990，5（3）：1536~1542.

[16] IEEE Std. 519-1992. IEEE recommended practices and requirements for harmonic control in electric power systems.［S］. 1993.

[17] IEC. Sub-committee 77A report-Disturbances Caused by Equipment Connected to the Public Low-Voltage Supply System. Part2：Harmonics（Revised draft of IEC555-2）［S］. 1990.

[18] IEC. Electromagnetic compatibility（EMC）-Part 3-2：Limits-Limits for harmonic current emissions（equipment input current ≤16A per phase）［S］. Switzerland，2009.

[19] 中华人民共和国水利电力部. 电力系统谐波管理暂行规定 SD126—1984［S］. 北京：水利电力出版社，1985.

[20] 刘元德. 电力工业国家标准选编［M］. 北京：中国标准出版社，1993.

[21] 中国国家标准 GB/T 14549—1993. 电能质量公用电网谐波［S］. 北京：中国标准出版社，1994.

[22] 中国国家标准 GB/T 12325—2008. 电能质量供电电压偏差［S］. 北京：中国标准出版

社，2008.
［23］中国国家标准 GB/T 12326—2008. 电能质量电压波动和闪变［S］. 北京：中国标准出版社，2008.
［24］中国国家标准 GB/T 15945—2008. 电能质量电力系统频率偏差［S］. 北京：中国标准出版社，2008.
［25］中国国家标准 GB/T 15543—2008. 电能质量三相电压不平衡［S］. 北京：中国标准出版社，2008.
［26］中国国家标准 GB/T 24337—2009. 电能质量公用电网间谐波［S］. 北京：中国标准出版社，2008.
［27］赵鲁，李耀华，葛琼璇，等. 特定谐波消除及优化脉宽调制单相整流器的研究［J］. 电工技术学报，2014，29（10）：57~64.
［28］孟凡刚，杨世彦，杨威. 多脉波整流技术综述［J］. 电力自动化设备，2012，32（2）：9~22.
［29］Athab H S，Lu D C. A High-Efficiency AC/DC Converter with Quasi-Active Power Factor Correction［J］. IEEE Transactions on Power Electronics，2010，25（5）：1103~1109.
［30］Singh B，Gairola S，Singh B N，et al. Multipulse AC-DC Converters for Improving Power Quality：A Review［J］. IEEE Transactions on Power Electronics，2008，23（1）：260~281.
［31］Kolar J W，Friedli T，Rodriguez J，et al. Review of Three-Phase PWM AC-AC Converter Topologies［J］. IEEE Transactions on Industrial Electronics，2011，58（11）：4988~5006.
［32］肖春燕. 电压空间矢量脉宽调制技术的研究及其实现［D］. 南昌：南昌大学，2005.
［33］熊健，康勇，张凯，等. 电压空间矢量调制与常规 SPWM 的比较研究［J］. 电力电子技术，1999，33（1）：25~28.
［34］李建林. 载波相移级联 H 桥型多电平变流器及其在有源电力滤波器中的应用研究［D］. 杭州：浙江大学，2005.
［35］Rodríguez J，Lai J S，Peng F Z. Multilevel Inverters：A Survey of Ttopologies，Controls，and Applications［J］. IEEE Transactions on Industrial Electronics，2002，49（4）：724~738.
［36］吴凤江. 四象限级联型多电平逆变器拓扑及控制策略的研究［D］. 哈尔滨：哈尔滨工业大学，2007.
［37］杨晓峰，林智钦，郑琼林，等. 模块组合多电平变换器的研究综述［J］. 中国电机工程学报，2013，33（6）：1~14.
［38］许建中，李承昱，熊岩，等. 模块化多电平换流器高效建模方法研究综述［J］. 中国电机工程学报，2015，35（13）：3381~3392.
［39］Debnath S，Qin J，Bahrani B，et al. Operation，Control，and Applications of the Modular Multilevel Converter：A Review［J］. IEEE Transactions on Power Electronics，2014，30（1）：37~53.
［40］Gaur P，Singh P. Various control strategies for medium voltage high power multilevel converters：A review［C］// Engineering and Computational Sciences. IEEE，2014：1~6.
［41］Rodriguez J，Bernet S，Wu B，et al. Multilevel Voltage-Source-Converter Topologies for Indus-

trial Medium-Voltage Drives [J] . IEEE Transactions on Industrial Electronics, 2007, 54 (6): 2930~2945.

[42] Das J C. Passive Filters-Potentialities and Limitations [J]. IEEE Transactions on Industry Applications, 2004, 40 (1): 232~241.

[43] Ahmed K H, Finney S J, Williams B W. Passive filter design for three-phase inverter interfacing in distributed generation [C]//Compatibility in Power Electronics, 2007. CPE'07. IEEE, 2007: 1~9.

[44] 罗安. 电网谐波治理和无功补偿技术及装备 [M]. 北京: 中国电力出版社, 2006.

[45] 陈国柱, 吕征宇, 钱照明. 有源电力滤波器的一般原理及应用 [J]. 中国电机工程学报, 2000, 20 (9): 17~21.

[46] 姜齐荣. 有源电力滤波器: 结构·原理·控制 [M]. 北京: 科学出版社, 2005.

[47] Akagi H. Active Harmonic Filters [J]. Proceedings of the IEEE, 2005, 93 (12): 2128~2141.

[48] Motta L, Faúndes N. Active/passive harmonic filters: Applications, challenges & trends [C]// International Conference on Harmonics and Quality of Power. IEEE, 2016.

[49] Bird B M, Marsh J F, Mclellan P R. Harmonic reduction in multiplex convertors by triple-frequency current injection [J]. Proceedings of the Institution of Electrical Engineers, 1969, 116 (10): 1730~1734.

[50] Sasaki H, Machida T. A New Method to Eliminate AC Harmonic Currents by Magnetic Flux Compensation-Considerations on Basic Design [J]. Power Apparatus & Systems IEEE Transactions on, 1971, PAS-90 (5): 2009~2019.

[51] Gyugyi L., Strycuiae C. Active ac power filters [C]. in Proc. 1976 IEEE/lAS Annu. Meeting, 1976, 529~535.

[52] Akagi H, Kanazawa Y, Nabae A. Instantaneous Reactive Power Compensators Comprising Switching Devices without Energy Storage Components [J]. Industry Applications, IEEE Transactions on, 1984, IA-20 (3): 625~630.

[53] Round S D, Mohan N. Comparison of frequency and time domain neural network controllers for an active power filter [C]// International Conference on Industrial Electronics, Control, and Instrumentation, 1993. Proceedings of the IECON. IEEE Xplore, 1993 (2): 1099~1104.

[54] Rim G H, Kang Y, Kim W H, et al. Performance improvement of a voltage source active filter [C]// Applied Power Electronics Conference and Exposition, 1995. Apec '95. Conference Proceedings. IEEE, 1995 (2): 613~619.

[55] Choi J H, Park G W, Dewan S B. Standby power supply with active power filter ability using digital controller [C]// Applied Power Electronics Conference and Exposition, 1995. Apec '95. Conference Proceedings. IEEE, 1995 (2): 783~789.

[56] Qin Y, Du S. A DSP based active power filter for line interactive UPS [C]// IEEE IECON, International Conference on Industrial Electronics, Control, and Instrumentation, 2002 (2): 884~888.

[57] Duke R M, Round S D. The Steady-State Performance of a Controlled Current Active Filter [J]. IEEE Transactions on Power Electronics, 2002, 8 (2): 140~146.

[58] Akagi H, Nabae A, Atoh S. Control Strategy of Active Power Filters Using Multiple Voltage-Source PWM Converters [J]. IEEE Transactions on Industry Applications, 2008, IA-22 (3): 460~465.

[59] 钟金亮．有源电力滤波器的变结构控制策略研究［D］．杭州：浙江大学，1998.

[60] 汤赐．新型注入式混合有源滤波器的理论及其应用研究［D］．长沙：湖南大学，2008.

[61] 张长征．高压大容量交流有源电力滤波器的研究［D］．武汉：华中科技大学，2006.

[62] 曾繁鹏．多电平有源电力滤波器拓扑结构及控制方法研究［D］．哈尔滨：哈尔滨工业大学，2009.

[63] 王灏，张超，杨耕，等．可选择谐波型有源滤波器的检测及其闭环控制［J］．清华大学学报（自然科学版），2004，44（1）：130~133.

[64] 刘健犇．高压大容量串联有源电力滤波器关键技术研究［D］．武汉：华中科技大学，2013.

[65] 侯世英．直流侧串联型有源电力滤波器的建模与控制研究［D］．重庆：重庆大学，2008.

[66] 周娟．四桥臂有源电力滤波器关键技术研究［D］．徐州：中国矿业大学，2011.

[67] 张晓．三电平有源滤波器关键技术研究［D］．徐州：中国矿业大学，2012.

[68] 冯霞．基于三电平技术的三相四线制 APF 研制［D］．杭州：浙江大学，2014.

[69] 杨龙月．LCL 型有源电力滤波器关键技术研究［D］．徐州：中国矿业大学，2015.

[70] 王少杰．高压混合型有源电力滤波器关键技术在工业中的应用研究［D］．长沙：湖南大学，2012.

[71] 吴志红，陶生桂，崔俊国，等．二极管钳位式多电平逆变器的拓扑结构分析［J］．同济大学学报（自然科学版），2003，31（10）：1217~1222.

[72] Aghdam G H. Optimised active harmonic elimination technique for three-level T-type inverters [J]. Power Electronics Iet, 2013, 6 (3): 425~433.

[73] 李红雨，吴隆辉，卓放，等．多重化大容量有源电力滤波器的主电路结构研究［J］．电网技术，2004，28（23）：12~16.

[74] Akagi H. Classification, Terminology, and Application of the Modular Multilevel Cascade Converter (MMCC) [J]. IEEE Transactions on Power Electronics, 2011, 26 (11): 3119~3130.

[75] 鞠建永，陈敏，徐君，等．模块化并联有源电力滤波器［J］．电机与控制学报，2008，12（1）：20~26.

[76] 王异凡．多模块并联 APF 关键技术研究［D］．杭州：浙江大学，2015.

[77] 罗欢．基于 Fryze 功率定义的有功电流检测与实现［D］．武汉：武汉大学，2004.

[78] 李贺龙，王雪敏，赵进全，等．基于 Fryze 时域无功定义的无功电能的准确计量［J］．电测与仪表，2017，54（1）：51~54.

[79] Herrera R S, Salmerón P, Kim H. Instantaneous Reactive Power Theory Applied To Active

Power filter compensation: Different approaches, assessment, and experimental results [J]. IEEE Transactions on Industrial Electronics, 2008, 55 (1): 184~196.

[80] Asiminoaei L, Blaabjerg F, Hansen S. Detection is key-harmonic detection methods for active power filter applications [J]. Industry Applications Magazine IEEE, 2007, 13 (4): 22~33.

[81] Herrera R S, Salmeron P. Instantaneous Reactive Power Theory: A Reference in the Nonlinear Loads Compensation [J]. IEEE Transactions on Industrial Electronics, 2009, 56 (6): 2015~2022.

[82] Kesler M, Ozdemir E. Synchronous-Reference-Frame-Based Control Method for UPQC Under Unbalanced and Distorted Load Conditions [J]. IEEE Transactions on Industrial Electronics, 2011, 58 (9): 3967~3975.

[83] 薛蕙，杨仁刚. 基于FFT的高精度谐波检测算法 [J]. 中国电机工程学报，2002，22 (12)：106~110.

[84] Chen K F, Mei S L. Composite Interpolated Fast Fourier Transform with the Hanning Window [J]. IEEE Transactions on Instrumentation & Measurement, 2010, 59 (6): 1571~1579.

[85] 刘开培，张俊敏. 基于 DFT 的瞬时谐波检测方法 [J]. 电力自动化设备，2003，23 (3)：8~10.

[86] Areerak K L, Areerak K N. The comparison study of harmonic detection methods for shunt active power filters [J]. World Academy of Science Engineering & Technology, 2010 (70): 243.

[87] Maza-Ortega J M, Rosendo-Macias J A, Gomez-Exposito A, et al. Reference Current Computation for Active Power Filters by Running DFT Techniques [J]. IEEE Transactions on Power Delivery, 2010, 25 (3): 1986~1995.

[88] Jian C, An L, Qing F U. Application of simplified DFT based sliding-window iterative algorithm in APF harmonic detection [J]. Electric Power Automation Equipment, 2005.

[89] 周雪松，周永兵，马幼捷. 基于自适应滤波器的电网谐波检测 [J]. 电网技术，2008，32 (16)：91~95.

[90] Firouzjah K G, Sheikholeslami A, Karami-Mollaei M R, et al. A New Harmonic Detection Method for Shunt Active Filter Based on Wavelet Transform [J]. Journal of Applied Sciences Research, 2008 (11): 1561~1568.

[91] 吴勇，郭京蕾. 小波变换在电网谐波电流检测中的应用 [J]. 武汉理工大学学报（信息与管理工程版），2007，29 (7)：56~58.

[92] Yu K K C, Watson N R, Arrillaga J. An adaptive kalman filter for dynamic harmonic state estimation and harmonic injection tracking [J]. IEEE Transactions on Power Delivery, 2005, 20 (2): 1577~1584.

[93] Saribulut L, Teke A, Tümay M. Artificial neural network-based discrete-fuzzy logic controlled active power filter [J]. Iet Power Electronics, 2014, 7 (6): 1536~1546.

[94] Vahedi H, Sheikholeslami A, Bina M T, et al. Review and Simulation of Fixed and Adaptive Hysteresis Current Control Considering Switching Losses and High-Frequency Harmonics [J].

Advances in Power Electronics，2011，（1）：397872.
［95］洪峰，单任仲，王慧贞，等．一种变环宽准恒频电流滞环控制方法［J］．电工技术学报，2009，24（1）：115~119.
［96］Smedley K M，Cuk S. One-cycle control of switching converters［J］. IEEE Transactions on Power Electronics，1991，10（6）：625~633.
［97］李承．基于单周控制理论的有源电力滤波器与动态电压恢复器研究［D］．武汉：华中科技大学，2005.
［98］Sreeraj E S，Prejith E K，Chatterjee K，et al. An Active Harmonic Filter Based on One-Cycle Control［J］. IEEE Transactions on Industrial Electronics，2014，61（8）：3799~3809.
［99］Hamasaki S，Kawamura A. Improvement of current regulation of line-current-detection-type active filter based on deadbeat control［J］. Industry Applications IEEE Transactions on，2003，39（2）：536~541.
［100］Odavic M，Biagini V，Zanchetta P，et al. One-sample-period-ahead predictive current control for high-performance active shunt power filters［J］. Iet Power Electronics，2011，4（4）：414~423.
［101］Chauhan S K，Shah M C，Tiwari R R，et al. Analysis，design and digital implementation of a shunt active power filter with different schemes of reference current generation［J］. Iet Power Electronics，2014，7（3）：627~639.
［102］杨秋霞，梁雄国，郭小强，等．准谐振控制器在有源电力滤波器中的应用［J］．电工技术学报，2009，24（7）：171~176.
［103］周娟，张勇，耿乙文，等．四桥臂有源滤波器在静止坐标系下的改进 PR 控制［J］．中国电机工程学报，2012，32（6）：113~120.
［104］Herman L，Papic I，Blazic B. A Proportional-Resonant Current Controller for Selective Harmonic Compensation in a Hybrid Active Power Filter［J］. IEEE Transactions on Power Delivery，2014，29（5）：2055~2065.
［105］Fukuda S，Yoda T. A novel current tracking method for active filters based on a sinusoidal internal model［C］// Industry Applications Conference，2000. Conference Record of the. IEEE，2002（4）：2108~2114.
［106］Grino R，Cardoner R，Costa-Castelló R，et al. Digital repetitive control of a three-phase four-wire shunt active filter［J］. IEEE Transactions on Industrial Electronics，2007，54（3）：1495~1503.
［107］滕国飞，肖国春，张志波，等．采用重复控制的 LCL 型并网逆变器单闭环电流控制［J］．中国电机工程学报，2013，33（24）：13~21.
［108］OLM J M，RAMOS G A，COSTA-CASTELLO X，et al. Stability analysis of digital repetitive control systems under time-varying sampling period［J］. Control Theory & Applications，IET，2011，5（1）：29~37.
［109］杨立永，杨烁，张卫平，等．单相 PWM 整流器改进无差拍电流预测控制方法［J］．中国电机工程学报，2015，35（22）：5842~5850.

[110] 陈东，张军明，钱照明．一种具有频率变化适应性的并网逆变器改进型重复控制方法［J］．电工技术学报，2014，29（6）：64~70.

[111] 王立峰，郑建勇，梅军，等．有源滤波装置直流侧电压控制瞬时能量平衡建模［J］．电工技术学报，2012，27（2）：229~234.

[112] 杨朝晖．并联型有源滤波器直流侧电压控制［D］．济南：山东大学，2008.

[113] Xie B，Ke D，Yong K. DC voltage control for the three-phase four-wire Shunt split-capacitor Active Power Filter［C］// Electric Machines and Drives Conference，2009. IEMDC '09. IEEE International. IEEE，2009：1669~1673.

[114] Mendalek，N. Modeling and Control of Three-Phase Four-Leg Split-Capacitor Shunt Active Power Filter［C］. International Conference on Advances in Computational Tools for Engineering Applications（ACTEA），2009，Zouk，Mosbeh，Lebanon：121~126.

[115] 张东，吕征宇，陈国柱．并联有源电力滤波器直流侧电容电压控制［J］．电力电子技术，2007，41（10）：77~79.

[116] 张小凤，王孝洪，田联房，等．基于分数阶 PIλ 控制器的有源电力滤波器直流侧电压控制［J］．电力系统自动化，2013，37（16）：108~113.

[117] Karuppanan P，Mahapatra K K. PI，PID and Fuzzy logic controller for Reactive Power and Harmonic Compensation［J］. International Journal on Recent Trends in Engineering & Technolo，2010.

[118] Mikkili S，Panda A K. Types-1 and -2 fuzzy logic controllers-based shunt active filter Id-Iq control strategy with different fuzzy membership functions for power quality improvement using RTDS hardware［J］. Iet Power Electronics，2013，6（4）：818~833.

[119] Karuppanan P，Mahapatra K K. PI and fuzzy logic controllers for shunt active power filter — A report［J］. Isa Transactions，2012，51（1）：667~671.

[120] Belaidi R，Haddouche A，Guendouz H. Fuzzy Logic Controller Based Three-Phase Shunt Active Power Filter for Compensating Harmonics and Reactive Power under Unbalanced Mains Voltages［J］. Energy Procedia，2012，18（4）：560~570.

[121] Deva T R，Nair N K. ANN Based Control Algorithm for Harmonic Elimination and Power Factor Correction Using Shunt Active Filter［J］. International Journal of Electrical & Power Engineering，2012（2）：152~157.

[122] Zainuri M A A M，Radzi M A M，Soh A C，et al. DC-link capacitor voltage control for single-phase shunt active power filter with step size error cancellation in self-charging algorithm［J］. Iet Power Electronics，2016，9（2）：323~335.

[123] 丁祖军，刘保连，张宇林．基于自抗扰控制技术的有源电力滤波器直流侧电压优化控制［J］．电网技术，2013，37（7）：2030~2034.

[124] De A R R L，De O A R T，Maciel d S R，et al. A Robust DC-Link Voltage Control Strategy to Enhance the Performance of Shunt Active Power Filters Without Harmonic Detection Schemes［J］. Industrial Electronics IEEE Transactions on，2015，62（2）：803~813.

[125] 黄海宏，高瑞，江念涛，等．APF 二次脉动的指令电流放大效应及其影响［J］．电子测

量与仪器学报，2017（6）：968~973.

［126］黄海宏，杨佳能，吴晓，等．改进单相谐波检测算法在三相四线制 APF 的应用［J］．电子测量与仪器学报，2016，30（1）：133~140.

［127］Maswood A I，Gabriel O H P，Al Ammar E. Comparative study of multilevel inverters under unbalanced voltage in a single DC link［J］. Iet Power Electronics，2013，6（8）：1530~1543.

［128］Lam C S，Choi W H，Wong M C，et al. Adaptive DC-Link Voltage-Controlled Hybrid Active Power Filters for Reactive Power Compensation［J］. IEEE Transactions on Power Electronics，2012，27（4）：1758~1772.

［129］Choi W H，Lam C S，Wong M C. Current compensation and DC-link voltage control for current quality compensator［C］// Control and Modeling for Power Electronics. IEEE，2012：1~6.

［130］Wang Y，Xie Y X. Adaptive DC-link Voltage Control for Shunt Active Power Filter［J］. Journal of Power Electronics，2014，14（4）：764~777.

［131］蔡文．建筑集成光伏系统的有源功率解耦方法研究［D］．武汉：华中科技大学，2013.

［132］Hu H，Harb S，Kutkut N，et al. A Review of Power Decoupling Techniques for Microinverters with Three Different Decoupling Capacitor Locations in PV Systems［J］. IEEE Transactions on Power Electronics，2012，28（6）：2711~2726.

［133］Sun Y，Liu Y，Su M，et al. Review of Active Power Decoupling Topologies in Single-Phase Systems［J］. IEEE Transactions on Power Electronics，2016，31（7）：4778~4794.

［134］唐君超杰，王浩然，马思源，等．含有源功率解耦的单相 H 桥逆变器综合可靠性评估［J］．电源学报，2016，14（6）：10~16.

［135］孙孝峰．微电网及分布式发电的逆变器控制技术［J］. Ups 应用，2015（8）：30~36.

［136］Wei X，Liang Z，Meng X，et al. Control Strategy of DC Voltage in Three-Phase Four-Wire Shunt Active Power Filter［C］// International Conference on Electrical Machines and Systems Volume 4，2008：2036~2038.

［137］姜卫东，杨柏旺，黄静，等．不同零序电压注入的 NPC 三电平逆变器中点电位平衡算法的比较［J］．中国电机工程学报，2013，33（33）：17~25.

［138］Chattopadhyay U，Ghosh D K，Roy S. Neutral-Point Voltage Balancing Method for Three-Level Inverter Systems with a Time-Offset Estimation Scheme［J］. Journal of Power Electronics，2013，13（2）：243~249.

［139］Hoon Y，Radzi M A M，Hassan M K，et al. Neutral-point voltage deviation control for three-level inverter-based shunt active power filter with fuzzy-based dwell time allocation［J］. Iet Power Electronics，2017，10（4）：429~441.

［140］Toit Mouton H D. Natural balancing of three-level neutral-point-clamped PWM inverters［J］. IEEE Transactions on Industrial Electronics，2002，49（5）：1017~1025.

［141］Mondal S K，Bose B K，Oleschuk V，et al. Space Vector Pulse Width Modulation of Three-Level Inverter Extending Operation Into Overmodulation Region［J］. IEEE Transactions on Power Electronics，2003，18（2）：604~611.

[142] Choi U M, Lee J S, Lee K B. New Modulation Strategy to Balance the Neutral-Point Voltage for Three-Level Neutral-Clamped Inverter Systems [J]. IEEE Transactions on Energy Conversion, 2014, 29 (1): 91~100.
[143] Lin L, Zou Y, Wang Z, et al. Modeling and Control of Neutral-point Voltage Balancing Problem in Three-level NPC PWM Inverters [C]// Power Electronics Specialists Conference, 2005. Pesc'05. IEEE. IEEE Xplore, 2005: 861~866.
[144] Wang W, Luo A, Xu X, et al. Space vector pulse-width modulation algorithm and DC-side voltage control strategy of three-phase four-switch active power filters [J]. Iet Power Electronics, 2013, 6 (1): 125~135.
[145] Toit Mouton H D. Natural balancing of three-level neutral-point-clamped PWM inverters [J]. IEEE Transactions on Industrial Electronics, 2002, 49 (5): 1017~1025.
[146] 胡健，陈文宪，陈冬冬，等. 基于中线电流注入的三电平有源电力滤波器中点平衡策略 [J]. 电网技术，2014，38 (11): 3160~3165.
[147] Dai N Y, Wong M C, Han Y D, et al. A 3-D generalized direct PWM for 3-phase 4-wire APFs [C]// Industry Applications Conference, 2005. Fourtieth Ias Meeting. Conference Record of the. IEEE, 2005 (2): 1261~1266.
[148] 唐健，邹旭东，佘煦，等. 三相四线制三电平三桥臂有源滤波器中点平衡控制策略 [J]. 中国电机工程学报，2009 (24): 40~48.
[149] 唐健，邹旭东，何英杰，等. 三相四线制三电平变换器新型三维矢量调制策略 [J]. 中国电机工程学报，2009，29 (36): 9~17.
[150] Dai N Y, Wong M C, Han Y D. Application of a three-level NPC inverter as a three-phase four-wire power quality compensator by generalized 3DSVM [J]. IEEE Transactions on Power Electronics, 2006, 21 (2): 440~449.
[151] 王异凡. 多模块并联 APF 关键技术研究 [D]. 杭州：浙江大学，2015.
[152] 鞠建永. 并联有源电力滤波器工程应用关键技术的研究 [D]. 杭州：浙江大学，2009.
[153] 何中一. PWM 逆变器的控制及并联运行控制研究 [D]. 南京：南京航空航天大学，2008.
[154] 肖岚，胡文斌，蒋渭忠，等. 基于主从控制的逆变器并联系统研究 [J]. 东南大学学报（自然科学版），2002，32 (1): 133~137.
[155] 何国锋. 多逆变器并联系统若干关键问题研究 [D]. 杭州：浙江大学，2014.
[156] Asiminoaei L, Lascu C, Blaabjerg F, et al. Performance Improvement of Shunt Active Power Filter with Dual Parallel Topology [J]. IEEE Transactions on Power Electronics, 2007, 22 (1): 247~259.
[157] 方天治，阮新波，肖岚，等. 一种改进的分布式逆变器并联控制策略 [J]. 中国电机工程学报，2008，28 (33): 30~36.
[158] 张尧，马皓，雷彪，等. 基于下垂特性控制的无互联线逆变器并联动态性能分析 [J]. 中国电机工程学报，2009 (3): 42~48.
[159] 张兴，余畅舟，刘芳，等. 光伏并网多逆变器并联建模及谐振分析 [J]. 中国电机工程学报，2014，34 (3): 336~345.

[160] Agorreta J L, Borrega M, López J, et al. Modeling and control of N-paralleled grid-connected inverters with LCL filter coupled due to grid impedance in PV plants [J]. IEEE Transactions on Power Electronics, 2011, 26 (3): 770~785.

[161] He J, Li Y W, Bosnjak D, et al. Investigation and active damping of multiple resonances in a parallel-inverter-based microgrid [J]. IEEE Transactions on Power Electronics, 2013, 28 (1): 234~246.

[162] Jacobsen E, Lyons R. The sliding DFT [J]. Signal Processing Magazine IEEE, 2003, 20 (2): 74~80.

[163] Orallo C M, Carugati I, Maestri S, et al. Harmonics measurement with a modulated sliding discrete fourier transform algorithm [J]. IEEE Transactions on Instrumentation and Measurement, 2014, 63 (4): 781~793.

[164] Sozanski K P. Sliding DFT control algorithm for three-phase active power filter [C]// IEEE Applied Power Electronics Conference and Exposition. IEEE, 2006: 7.

[165] Sumathi P, Singh K M. Sliding discrete fourier transform-based mono-component amplitude modulation-frequency modulation signal decomposition [J]. Communications Iet, 2015, 9 (9): 1221~1229.

[166] 王宏伟. 滑动离散傅里叶算法输出稳定性研究 [J]. 电波科学学报, 2012 (4): 139~145, 162.

[167] Darwish H A, Fikri M. Practical Considerations for Recursive DFT Implementation in Numerical Relays [J]. IEEE Transactions on Power Delivery, 2006, 22 (1): 42~49.

[168] Zeng Z, Yang J Q, Chen S L, et al. Fast-Transient Repetitive Control Strategy for a Three-phase LCL Filter-based Shunt Active Power Filter [J]. Journal of Power Electronics, 2014, 14 (2): 392~401.

[169] Zhou K, Wang D, Zhang B, et al. Plug-In Dual-Mode-Structure Repetitive Controller for CVCF PWM Inverters [J]. IEEE Transactions on Industrial Electronics, 2009, 56 (3): 784~791.

[170] Lei W, Nie C, Chen M, et al. A Fast-Transient Repetitive Control Strategy for Programmable Harmonic Current Source [J]. Journal of Power Electronics, 2017, 17 (1): 172~180.

[171] Sun Y, Liu Y, Su M, et al. Review of Active Power Decoupling Topologies in Single-Phase Systems [J]. IEEE Transactions on Power Electronics, 2016, 31 (7): 4778~4794.

[172] Wang R, Wang F, Boroyevich D, et al. A High Power Density Single-Phase PWM Rectifier with Active Ripple Energy Storage [J]. IEEE Transactions on Power Electronics, 2011, 26 (5): 1430~1443.

[173] 杨振宇, 赵剑锋, 唐国庆. 并联型有源电力滤波器限流补偿策略研究 [J]. 电力自动化设备, 2006, 26 (3): 21~25.

[174] 俞年昌, 杨家强. 三电平 APF 的 LCL 滤波器设计和分析研究 [J]. 机电工程, 2014, 31 (5): 624~628.

[175] 唐嵩棋. APF 的 LCL 滤波器的设计及其电流控制策略研究 [D]. 哈尔滨: 哈尔滨工业大学, 2012.